Estudio y Evaluación de Impacto Ambiental en Ingeniería Civil

Luis B. López Vázquez

Estudio y Evaluación de Impacto Ambiental en Ingeniería Civil

© Luis B. López Vázquez

ISBN: 978-84-15613-04-6
Depósito legal: A 546-2012

Edita: Editorial Club Universitario Telf.: 96 567 61 33
C/ Decano, n.º 4 – 03690 San Vicente (Alicante)
www.ecu.fm
ecu@ecu.fm

Printed in Spain
Imprime: Imprenta Gamma Telf.: 96 567 19 87
C/ Cottolengo, n.º 25 – 03690 San Vicente (Alicante)
www.gamma.fm
gamma@gamma.fm

ÍNDICE

A MODO DE PRÓLOGO

El estudio y evaluación del impacto ambiental es un requisito legal exigido para la presentación de cualquier proyecto e incluso para la posibilidad de apertura de cualquier negocio. Este hecho hace necesario que en todas las escuelas de Ingeniería Civil sea necesario incluir una asignatura que aporte el conocimiento necesario para poder efectuar con solvencia esta tarea. Este pequeño libro trata de aportar los conocimientos mínimos sobre ello, aunque solo pretende ser una aproximación para que quienes lo necesiten sean capaces de seguir profundizando en el estudio que del impacto ambiental requiere cada proyecto particular de obra civil.

Quiero poner de manifiesto que todo proyecto o empresa genera un impacto ambiental, pero no por ello se va a impedir su ejecución o apertura. Los motivos de ello son principalmente dos:

1. El dejar de ejecutarlo entrañaría un impacto ambiental superior.
2. La necesidad de que las generaciones futuras puedan seguir disfrutando del nivel de bienestar del que nosotros disfrutamos requiere un desarrollo sostenible aun en épocas de crisis como la actual.

Una política medioambiental óptima es aquella que considera al ser humano como centro, por lo que cualquier política está comprometida a desarrollar el bienestar, incluyendo, en ello, la salud y el nivel de vida, utilizando criterios de racionalidad en el aprovechamiento de recursos. Las máximas programáticas e irracionales, como, por ejemplo, "nucleares no", conducen a desechar el tipo de energía del futuro y del pasado, pues es de las emisiones solares de las que venimos recibiendo la energía necesaria para el desarrollo de la vida tal como la conocemos que, por supuesto, tiene sus peligros, pues no es lo mismo fisión que fusión, pero la gente desconoce que la radiación natural en algunas zonas habitadas de nuestro país es mucho mayor que la que puede desprenderse de un almacén de residuos nucleares. Con esto no quiero parecer un pronuclear activo, sino simplemente introducir la racionalidad en el estudio de los impactos medioambientales, pues no tiene sentido ser un antinuclear y utilizar el coche para moverse doscientos metros.

El medioambiente es una ciencia joven y, por ello, adolece de defectos como es el carecer, en la mayor parte de los casos, de magnitudes en el sentido físico del término, es decir, como propiedades cuantitativas, pero como decía Antonio Machado "el camino se hace al andar", y el medioambiente lleva muy poco andado.

CAPÍTULO I: Introducción a los estudios medioambientales

I.1. Introducción a la ciencia medioambiental

Aunque medio y ambiente tienen idéntico significado, es decir, "lo que nos rodea", lo que constituye una redundancia, escribiéndolo junto o separado, hay quien identifica al "medio" como el elemento en el que viven y se mueven las personas, los animales y las cosas, mientras que "ambiente" corresponde al conjunto de factores que actúan sobre esas comunidades y condicionan su forma y desarrollo.

Los estudios medioambientales pueden abarcar desde la tierra en su conjunto como "el cambio climático" hasta un solo individuo y su relación con el entorno. Esto quiere decir que lo primero que tenemos que definir con precisión es lo que consideramos "sistema" o "ecosistema", es decir, los elementos y procesos que constituyen nuestro objeto de estudio.

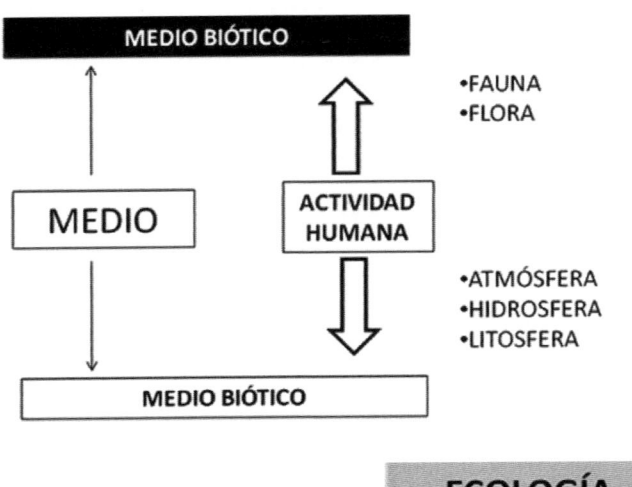

Mientras que la ecología estudia la influencia que la actividad humana tiene en el medio biótico (fauna y flora) y en el abiótico (litosfera, hidrosfera y atmósfera), es decir, tomando el medio como protagonista, los estudios medioambientales son antropocéntricos, es decir, el ser humano y su actividad es el centro sobre el que gira el estudio de los factores bióticos, incluido el ser humano, abióticos, incluido el clima y el paisaje, los bienes materiales (salud, empleo, economía…) y culturales (ocio, patrimonio, etc.).

Los estudios medioambientales pretenden establecer un equilibrio, no siempre posible, entre el desarrollo de la actividad humana y el medio en el que esta se desarrolla. En general, constituyen una herramienta necesaria para minimizar los efectos que generan situaciones caracterizadas por:

- Falta de sincronización entre el crecimiento de la población y el crecimiento de las infraestructuras o servicios básicos que se requieren.
- Demanda creciente de espacios y servicios necesarios por el aumento del nivel de vida.
- Degradación progresiva del medio natural.

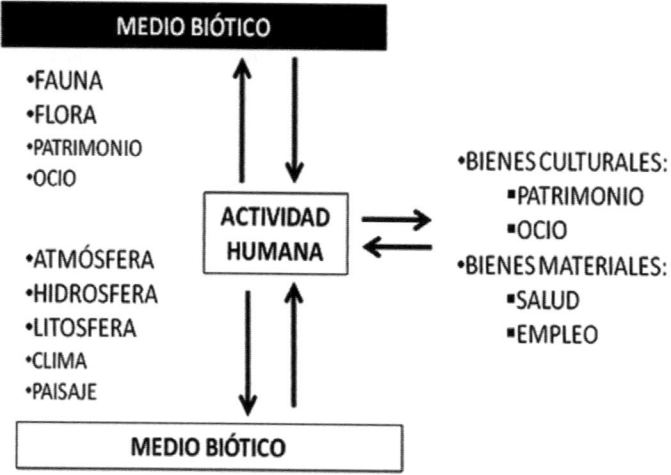

Las razones fundamentales para las que se hace inexcusable la realización de estudios medioambientales son:

➢ Detienen el proceso degenerativo.
➢ Evitan graves problemas ecológicos.
➢ Mejoran nuestro entorno y calidad de vida.

> ➤ Ayudan a mejorar el propio proyecto.
> ➤ Defienden y justifican una solución acertada.
> ➤ Canalizan la participación ciudadana.
> ➤ Generan una mayor concienciación social.
> ➤ Aumentan la experiencia práctica en estos temas.
> ➤ Así lo exigen las disposiciones en vigor tanto a todos los niveles, desde el comunitario de la Unión Europea como a nivel de los ayuntamientos, pasando por cada uno de los estados miembros y, en nuestro caso, las autonomías.

Lamentablemente, en muchas ocasiones, la realización de un estudio medioambiental para la elaboración de un proyecto solo recoge el proyecto en sí, sin estudio de posibles alternativas, y un añadido complementario donde, sin ningún tipo de evaluación sistemática, se recogen aspectos que afectan a las modificaciones locales que introduce en el entorno. Pocos son los proyectos que se realizan con un enfoque sistemático en el que se estudia el proyecto como algo integrado en el entorno, y coherente con él, en el que se analizan todos los subsistemas con posibles repercusiones, y se evalúan distintas alternativas mediante una cuantificación comparativa para elegir la mejor. Hoy, que cada comunidad autónoma se atribuye para sí el control de los ríos que la atraviesan, pone de manifiesto la imposibilidad de que un proyecto que afecte a ese río pueda evaluarse desde su nacimiento a su desembocadura, que es como debe abordarse el estudio, puesto que parte de un río no es un sistema aislado con fronteras definidas.

I.2. Magnitudes medioambientales

Se entiende por magnitud en sentido físico cualquier propiedad medible. Esta definición literalmente no es aplicable a todas las propiedades que en los estudios medioambientales hay que definir y evaluar. Un pH, con relación a la propiedad de potabilidad del agua, ha de ser 7, aunque según la OMS (Organización Mundial de la Salud), puede admitirse un intervalo de unas décimas en más o en menos en torno a ese valor. Sin embargo, ¿cómo se evalúa un paisaje o la calidad de vida? Para poder contestar a este tipo de preguntas hay que reflexionar sobre cómo históricamente se han ido definiendo las magnitudes físicas hasta llegar a hoy.

1 ANA

Inicialmente, el hombre era la medida de todas las cosas. La longitud de algo era mayor que el antebrazo del faraón o menor que él. Esta medida de longitud, llamada Ana, era variable dependiendo de quien fuera el faraón, pues podía ser un niño de tres años o un adulto alto. Sin embargo, el hecho en sí nos está indicando que toda evaluación surge de una comparación aunque el elemento con que se compare puede ser, a veces, variable. Si en vez de la longitud nos referimos a otra magnitud física un poco más compleja como la temperatura, su evaluación comenzó por clasificar en más caliente o más frío que cualquier cosa que se tomase como referencia, estableciéndose entonces una escala cualitativa de mayor a menor, hasta que se definió el "grado". Establecidos los distintos tipos de "grados", se idearon equipos para poder medirlos, necesitándose enunciar el principio o Ley Cero de la termodinámica que dice que: **"dos sistemas que están en equilibrio térmico con un tercero, están en equilibrio térmico entre sí"**, lo que permite que cualquier termómetro calibrado con uno o varios sistemas sirva para medir la temperatura de otro. Sin embargo, esto que llamamos grado no corresponde más que a un índice de la temperatura. El concepto físico real de la temperatura de un cuerpo corresponde a la energía cinética de sus moléculas, que como tal energía se mide en julios en el Sistema Internacional. Con esto queremos indicar que toda propiedad, incluidas las medioambientales, puede evaluarse de forma objetiva teniendo en cuenta las siguientes cuestiones:

- Hay que definir una unidad (índice), con la que la pueda compararse.
- Hay que establecer una escala que permita ordenar de mayor a menor los valores encontrados en la comparación.

Sin embargo, no todas las magnitudes medioambientales pueden evaluarse de forma tan simple. La deforestación producida al realizar una obra lineal como una carretera puede medirse a través de la cantidad de árboles que han debido talarse. Este número será solo un indicador para poder evaluar la importancia de la deforestación. Habrá que contemplar a que tipo o tipos de árboles corresponden. No es lo mismo que los árboles sean pinos comunes o que sean robles o nogales. Esto quiere decir que la especie talada también corresponde a un indicador que hay que tener en cuenta para poder evaluar cuantitativamente la deforestación.

I.2.1. Evaluación de magnitudes medioambientales

Poder establecer relaciones cuantitativas entre magnitudes medioambientales supone que sea posible poder establecer que una magnitud A sea función de una o varias variables x, y, z… Esta relación puede corresponder a una igualdad o simplemente a una probabilidad.

$$A \rightarrow f(x, y, z,.)$$

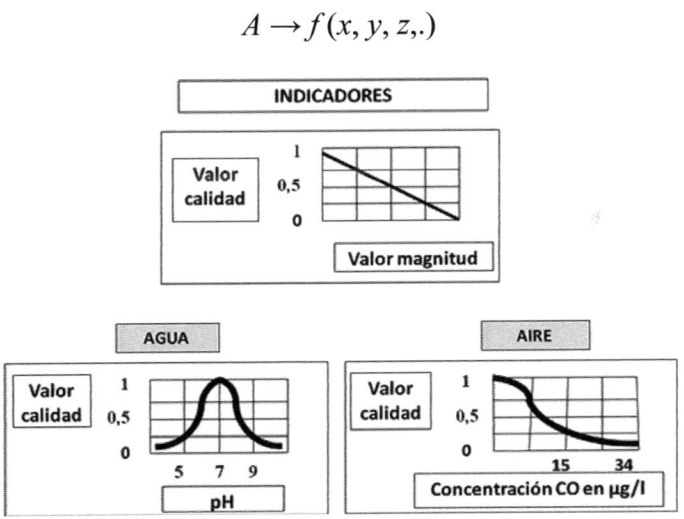

En la ciencia ambiental, el mayor problema consiste en que la mayoría de los conceptos o características cualitativas que se manejan, como "calidad de vida", "aire limpio", tienen poco de magnitudes entendidas como se entiende en la Física, por lo que para poder evaluarlas, lo primero que tenemos que hacer es tratar de convertir esos conceptos en propiedades cuantitativas, es decir , en magnitudes.

I.2.2. Indicador ambiental

Un indicador ambiental se refiere a la medida de un simple factor ambiental, bajo la hipótesis de que esta medida es indicativa del sistema biofísico o socioeconómico.

Las funciones de relación entre valor magnitud y valor indicador pueden ser muy diversas: lineales directas, lineales inversas, polinómicas, exponenciales, logarítmicas, gaussianas, o de cualquier otro posible tipo. Una vez definidos los indicadores que presumiblemente intervienen en el cálculo de una magnitud medioambiental, es conveniente definir la función de dependencia y la importancia relativa de cada indicador.

I.2.3. Índice ambiental

Un índice ambiental es un número o una clasificación descriptiva de una gran cantidad de datos o información ambiental cuyo propósito principal es simplificar la información, aumentando, así, su utilidad.

Algunos de estos índices pueden ser:

- Calidad del aire.
- Calidad del agua.
- Calidad visual.
- Calidad de vida.
- Sensibilidad ecológica.
- Diversidad ecológica.
- Recursos arqueológicos.
- Deforestación.
- …

Sus objetivos han de ser alguno de estos:

o Resumir datos ambientales existentes.
o Comunicar información sobre el medio afectado.
o Evaluar la vulnerabilidad o susceptibilidad a la contaminación de una determinada categoría ambiental.
o Centrarse selectivamente en los factores ambientales claves.
o Servir como base para la expresión del impacto al predecir las diferen-

cias entre el valor del índice del proyecto y el valor del mismo índice si no se ejecuta el proyecto.

En general, el índice de la magnitud o cualidad corresponde casi siempre a la suma de todos los valores correspondientes a los indicadores (*In*), que definen la propia magnitud asociada al elemento de estudio como, por ejemplo, el aire. Puede multiplicarse cada uno de ellos por un valor de ponderación (*Vp*), en función de la importancia relativa que se asigne al indicador, y suele dividirse por la suma de los valores máximos asignados a cada uno de ellos:

$$IC = \frac{\sum_{1}^{n} Vp_i In_i}{\sum_{1}^{n} Vp_i \cdot In_{i(máximo)}}$$

Si se toma como valor máximo el valor 1, puede utilizarse un factor de ponderación para cada indicador en función de su importancia. Por ejemplo; el indicador pH para el agua potable puede corresponder a un valor de ponderación 2, aunque si se trata de agua de regadío puede corresponder a un valor 1.

I.2.4. Ejemplo práctico

Vamos a tratar de cuantificar eso que llamamos "aire limpio" o simplemente a definir un índice de calidad del aire.

Lo primero que se necesita definir son los principales indicadores que intervienen en la calidad o pureza del aire. Aunque pueden escogerse otros, podemos considerar los siguientes:

$I_1 = \% SO_2$
$I_2 = \% NO_2$
$I_3 = \% CnHn$ (hidrocarburos)
$I_4 =$ partículas en suspensión (mg/m³)
$I_5 = CO$
$I_6 =$ partículas sedimentables (mg/m³)
$I_7 = \% Pb$
$I_8 = \% Cl_2$
$I_9 = \%$ compuestos de flúor

Los factores de ponderación de cada uno de ellos para efectuar el cálculo del indice de limpieza o calidad del aire serían:

P = 2, para los tres primeros indicadores.
P = 1,5, para los tres siguientes.
P = 1, para los tres últimos.

El índice de calidad del aire sería, entonces, para determinados autores:

$$ICAIRE = \frac{\sum_{1}^{n} In_i Vp_i}{\sum_{1}^{n} Vp.In_{i(máximo)}} = \frac{2\left(I_1 + I_2 + I_3\right) + 1,5\left(I_4 + I_5 + I_6\right) + 1\left(I_7 + I_8 + I_9\right)}{2\cdot 3 + 1,5\cdot 3 + 1\cdot 3}$$

Siempre y cuando a cada uno de los indicadores definidos se le asignara un valor de calidad máximo igual a 1. La función de dependencia de cada indicador podría considerarse lineal descendente que tendría un máximo de valor indicador 1 para una concentración de cero, y un valor de indicador cero para un valor máximo de concentración que correspondería a la concentración máxima admisible como, por ejemplo, para el plomo 4 ppm., o bien podría corresponder a cualquier otro tipo de función como, por ejemplo, exponencial decreciente para el CO.

I.3. Principales requisitos que considerar en los estudios medioambientales

El papel fundamental de la tecnología en cuestiones medioambientales cada vez se ocupa más de dos aspectos primordiales: el desarrollo sostenible y la estrategia preventiva.

El concepto de desarrollo sostenible fue definido en 1987 en la Comisión Mundial para el Ambiente y Desarrollo de la ONU como: "el desarrollo que satisface las necesidades del presente sin comprometer la capacidad de las futuras generaciones para satisfacer sus propias necesidades".

Esto implica la necesidad de plantearse los problemas ambientales de una forma muy simple: conservar las condiciones actuales para que las generaciones futuras puedan, al menos, tener lo que nosotros tenemos. En términos económicos, podría definirse como: "mantener el capital intacto y solo disponer de los intereses". ¿Cuál es nuestro capital actual? Podemos hablar por un lado de energía y, por otro, de recursos. El mayor capital energético es el Sol, es decir, el Capital Solar, suministrador del 99 % de la energía utilizada en la tierra, y el mayor capital de recursos es el Capital Tierra, constituido por todos los procesos y recursos necesarios para el sostenimiento de la vida. En ambos apartados es necesario establecer una división: energía/recursos renovables y no renovables. El aire, el agua y el suelo pueden, al menos, ser purificados y renovados si somos capaces de aplicar una política medioambiental eficaz. Los residuos han de ser controlados para retirar aquellos que tengan el carácter de tóxicos, y disminuir, si es posible por reciclado, su cantidad. Los recursos no renovables, sean energéticos o materiales, hay que procurar que sean sustituidos por otros renovables, en el caso de la energía, por energía eólica, maremotriz, fotovoltaica, etc., y en el caso de los materiales, por materiales sintéticos que sean plásticos, cerámicos o de cualquier otro tipo, que sean, en todo caso, reciclables. En cuanto a la biodiversidad, la renovación de bosques y vegetación evitando la desertización creciente especialmente de nuestro país, y para las especies en vías de extinción, el desarrollo de técnicas genéticas y de reproducción asistida, podrán, posiblemente con el tiempo, mantener e incluso ampliar las especies existentes, pues aunque *Parque Jurásico* sea una película de ciencia ficción, el avance actual de las técnicas genéticas le va restando ficción para acercarla cada vez más a la realidad.

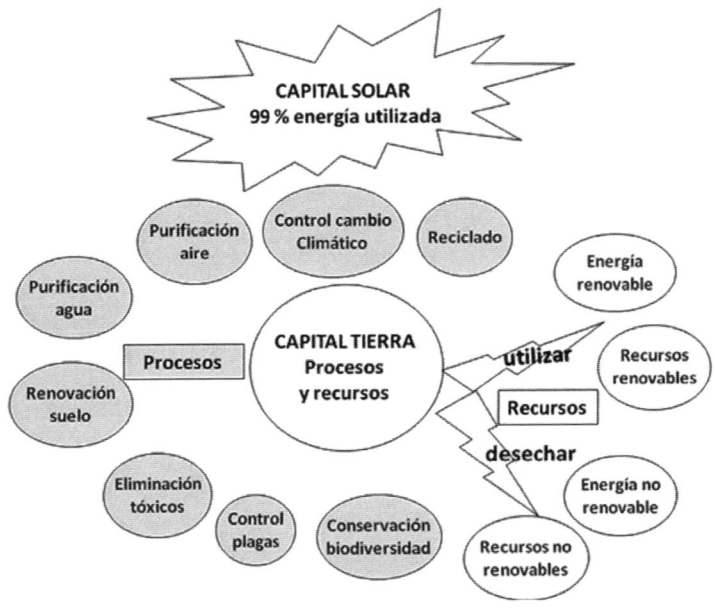

El control climático a través de la disminución del efecto invernadero por el aumento de CO_2 y otros gases, la utilización de sistemas de producción de energía más eficaces que disminuyan la emisión al ambiente de energía degradada en forma de calor que en unión del efecto anterior hace subir anualmente la temperatura media de la Tierra, la conservación de la capa de ozono como freno a las radiaciones ionizantes, son cuestiones que afectan fundamentalmente al concepto "Procesos".

La Unión Europea ha pasado en poco más de diez años de ser una sociedad derrochadora a transformarse en una sociedad en la que el concepto de "sostenible" es de obligado uso cuando se habla de desarrollo. Esta nueva conciencia social impulsada desde el Parlamento europeo debido esencialmente a la opinión pública, ha permitido que países como España para poderse acomodar a las directrices emanadas de él, se planteen seriamente la necesidad de aplicar una legislación más rigurosa para cambiar los malos hábitos que las distintas administraciones, y las empresas de nuestro país, han ido adquiriendo a través de los años, como en Estados Unidos y otros países emergentes, por ejemplo India y China, que lo que consideran fundamental es el desarrollo por el desarrollo sin tener en cuenta los daños que produce, ni a quién.

Los problemas medioambientales y de recursos son muy diversos, y no es posible pretender que el Estado los abarque y resuelva todos. Por este motivo, es necesario que a nivel individual se tome conciencia de hacer todo aquello que es posible para no agravarlos.

La máxima de "quien contamina paga" es algo inaplicable, ya que ninguna de las empresas que han generado una contaminación elevada, como por ejemplo Boliden, o Exxon, han pagado el coste de la limpieza, y aunque hubiera sido así, es imposible que por mucho que se invierta en ello, las cosas vuelvan a las condiciones iniciales. Esto implica que cualquier otra estrategia que no sea la preventiva, además de más costosa, pueda retornar las condiciones ambientales a su estado inicial. De ahí que la Unión Europea, y consecuentemente el Estado español, ha recogido en la legislación y normativa sobre estudios medioambientales la necesidad preferente de analizar y proponer aspectos preventivos, primando y dando subvenciones a aquellas empresas que se fijan como meta el desarrollo de sistemas de gestión medioambiental que permitan una reducción continua de sus posibles contaminaciones, ya desde la etapa del proyecto y antes de la ejecución del mismo.

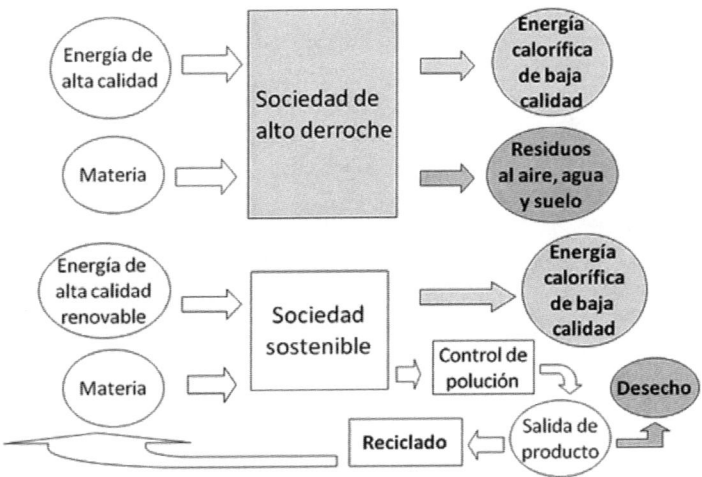

Resumiendo, todo estudio medioambiental ha de tender a:

- **Utilización de energía y recursos renovables.**
- **Elección preferente de medidas preventivas.**

A nivel europeo, se pretende que todo país integrado en la Unión siga unas directrices comunes respecto al respeto al medioambiente, y se dote de una legislación coherente con la máxima de que una sociedad ha de tender a eliminar el derroche, y perseguir una sociedad sostenible.

I.4. Problemas medioambientales actuales

En la Unión Europea se han considerado prioritarios los problemas medioambientales siguientes, entendiendo que el orden de mención no supone una valoración de su gravedad, entre otras cosas, porque en cada zona territorial el problema más grave puede ser uno, mientras que en otra, geográficamente próxima, puede ser otro:

- Gases de efecto invernadero y cambio climático.
- Destrucción de la capa de ozono.
- Descontrol de sustancias peligrosas.
- Contaminación atmosférica.
- Estrés hídrico: contaminación y disminución de recursos.
- Degradación del suelo.
- Acumulación de residuos.

- Riesgos naturales o provocados.
- Modificaciones genéticas.
- Riesgos para la salud humana por exposición a contaminantes.
- Agravamiento de la contaminación urbana.
- Deterioro de las zonas marinas y del litoral.
- Contaminación, deterioro y disminución de la riqueza natural, incluida la relacionada con la disminución de la biodiversidad.

Aunque no pretende ser una mención exhaustiva, podemos considerar que estos problemas son sobre los que se pretende legislar preferentemente.

I.5. Ejercicios

1. Poner algún ejemplo de ecosistema y definir sus límites.
2. ¿Una ciudad puede corresponder a un ecosistema?
3. Definir cuál puede ser la función que relaciona el valor del indicador "sueldo" con el valor en euros del sueldo.
4. Debe de existir una relación biunívoca entre el valor de un indicador y su valor de magnitud.
5. Definir los indicadores que pueden intervenir en la definición del índice de la calidad de vida.
6. Definir los indicadores que pueden intervenir en la definición del índice de la calidad del agua, indicando las funciones de relación del valor del indicador con el valor de la magnitud correspondiente como, por ejemplo, pH, concentración de Cd…
7. ¿Sabrías definir por qué la energía solar se considera renovable mientras que la nuclear, no?
8. Si los residuos nucleares fueran reutilizables tras un nuevo enriquecimiento, ¿podría considerarse tal energía como renovable?
9. ¿La reutilización de recurso es un proceso necesario en un estudio medioambiental?
10. ¿Qué principios fundamentales debe reunir todo proceso industrial para que pueda considerarse medioambientalmente correcto?

CAPÍTULO II: Evaluación Ambiental Estratégica: políticas, planes y programas

II.1. Introducción histórica

Suele achacarse a la tradición judeocristiana, y en concreto al libro del Génesis en el que se recoge: "... **sed fecundos y multiplicaos y henchid la tierra y sometedla**" (Genesis 1, 27-28), la poca consideración que la civilización occidental ha tenido con el medioambiente, al que ha sometido a todo tipo de degradaciones. Sin embargo, también ha sido la que ha tomado conciencia de este hecho más tempranamente, pues ya Platón, 400 años antes de Cristo, alertó especialmente sobre la deforestación y, refiriéndose a la tierra que rodeaba Atenas, decía: "... lo que ahora queda es como el esqueleto de un hombre muerto... Hay algunas montañas que ahora no tienen más que comida para abejas, pero tuvieron árboles no hace mucho tiempo...". De esta doble visión de la tierra como objetivo para ser explotado o como bien a preservar mediante una buena administración, ha dominado la primera a lo largo de toda la historia.

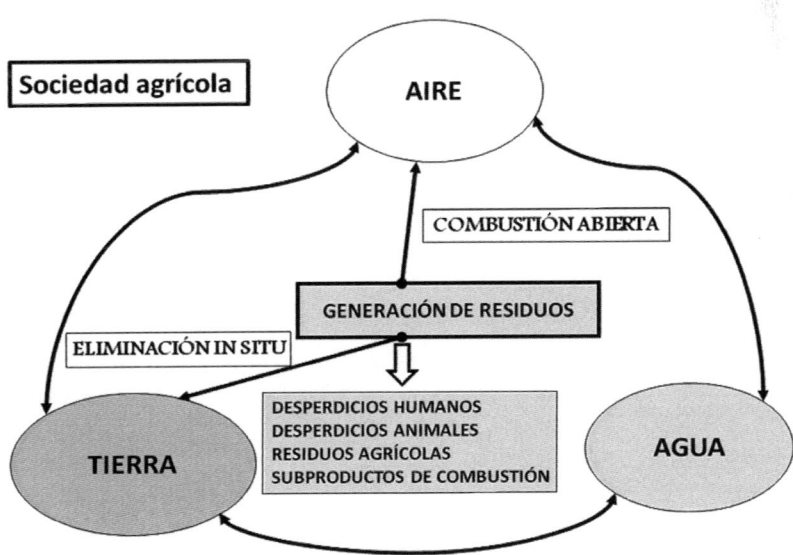

El paso del nomadismo a la sociedad agrícola, que permitió el inicio del desarrollo social de la humanidad, produjo el primer impacto ambiental por la necesidad de construir viviendas estables, roturar campos para el cultivo, quemar árboles para cocinar alimentos y, a la vez, calentarse, mantener animales suministradores de fuerza de trabajo y, a la vez, alimento, etc. Sin embargo, la combustión abierta a la atmósfera, la generación de residuos de origen humano, animal o vegetal que se producían y eliminaban in situ, en ocasiones utilizándolos como fertilizantes para mejorar las condiciones de cultivo, no creaban problemas ambientales considerables.

El paso de una sociedad agrícola a una sociedad urbana debida al crecimiento de la población no supuso más que una cuestión de aumento de cantidad, sobre todo, del agua necesaria para muy diversos usos, y de la cantidad de residuos o desperdicios que era necesario eliminar. Los romanos supieron resolver positivamente estos dos problemas fundamentales de las concentraciones urbanas, y los acueductos de Segovia o Mérida son testigos fieles de la alta tecnología desarrollada por ellos en la resolución del problema del agua que era traída en ocasiones desde varios kilómetros de distancia, y la ubicación de sus ciudades al lado de ríos o mares a los que se pudiera dar salida a través de un sistema de cloacas de los residuos principalmente humanos. Es el caso del embalse Proserpina que, situado a 5 km de Mérida, era uno de los tres sistemas de abastecimiento de agua a la ciudad. Dado que para que el agua se desplazase solo se contaba con la acción de la gravedad y las conducciones eran de piedra, la pendiente necesaria que permitiera ese desplazamiento requería unos excelentes trabajos de ingeniería, como puede ser el acueducto de Los Milagros, también en la ciudad de Mérida. Sin embargo, esta tecnología se perdió desde la caída del Imperio romano, lo que produjo innumerables problemas debidos esencialmente a la falta de cuidado en el abastecimiento de agua y eliminación de los residuos. Estos graves problemas epidémicos de salud debidos especialmente a la contaminación del agua solo pudieron resolverse a finales del siglo XVIII y principios del XIX, pero fue justamente a finales de este siglo, debido a la industrialización, cuando se agravaron sensiblemente los problemas de contaminación, especialmente del aire y del agua.

Desde la II Guerra Mundial el problema se agrava enormemente, pues el gran desarrollo industrial de los países, no contempla ningún requisito sobre los residuos producidos, tanto en el proceso de producción como en su utilización. La cantidad de residuos se dispara exponencialmente y, a la vez, la producción y utilización masiva de nuevos productos químicos de efectos ambientales desconocidos como plaguicidas, pesticidas, etc., generan una contaminación sin precedentes. Esta situación se replantea, al menos en los países desarrollados, a finales del siglo XX, y aunque todavía existe un gran desconocimiento de los efectos que sobre el medioambiente tienen algunos de los productos o subproductos que se depositan directamente en el medio, se tiende a reciclar, es decir, a disminuir la cantidad total de residuos a la vez que prohibir, para los que se conocen sus efectos contaminantes, su eliminación no controlada.

Las primeras acciones para prevenir la degradación ambiental se tomaron a nivel local y consistieron en simples multas, cuando se inicia la concentración urbana y surgen los primeros problemas de contaminación del aire por carbonilla, o contaminación del agua por vertidos, especialmente de aguas residuales. No es hasta finales del siglo XX cuando se inicia una sensibilización medioambiental que primeramente aparece en la sociedad civil y posteriormente pasa a las administraciones públicas incluyendo al Estado. *Greenpeace* se crea en 1971 aunque no empieza a ser conocida como organización ecológica a nivel mundial hasta los años ochenta en los que también aparecen las organizaciones denominadas "verdes" como verdaderos partidos políticos que se presentan a las elecciones como independientes o coaligados con los partidos llamados de progresistas o de izquierdas, como ocurrió en nuestro país, especialmente en Cataluña y Andalucía.

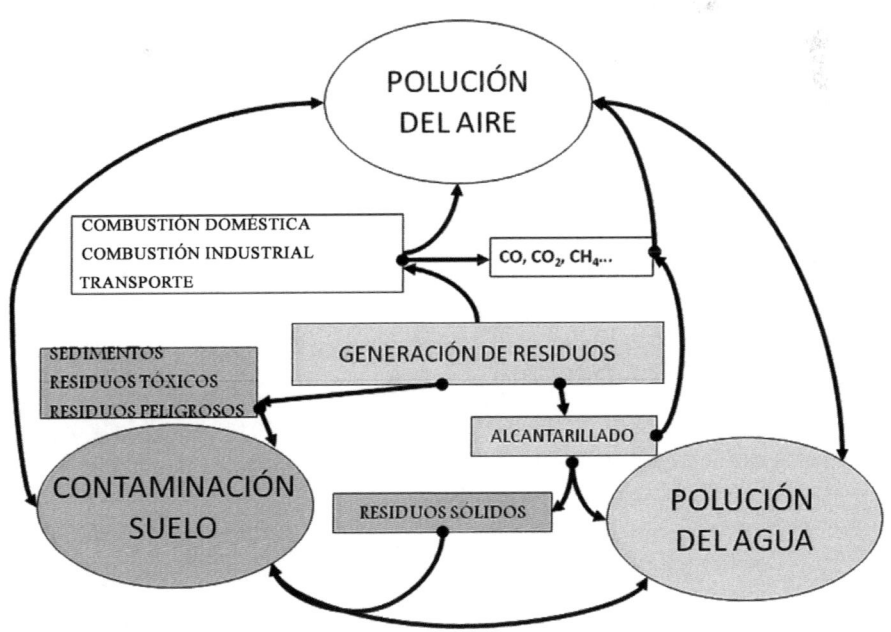

Es ya en los noventa, después de reiteradas catástrofes ecológicas, cuando realmente a nivel mundial se enuncian los principios fundamentales que debe recoger un código universal que comprometa a empresas y estados a ser responsables de la conservación del medioambiente. Estos diez principios pueden resumirse en:

1. Protección de la biosfera.
2. Uso sostenible de los recursos naturales.
3. Reducción y gestión responsable de los residuos.
4. Utilización prudente de la energía.
5. Reducción del riesgo.
6. Comercialización de productos y servicios seguros.
7. Indemnización de daños.
8. Hacer pública la información medioambiental.
9. Nombramiento de directores y gerentes medioambientales, y fijación de recursos de gestión.
10. Evaluación y auditorías medioambientales.

Realmente, las únicas motivaciones para implicar tanto a empresas como a las distintas administraciones públicas en programas de gestión medioambiental son económicas, y de momento es difícil estimar el valor que como activo tiene el aire limpio o el agua pura. Solo cuando existen relaciones directas y demostradas, entre la salud de las personas y determinadas actividades de producción, cosa que en la mayoría de los casos solo puede ser probada estadísticamente, la Administración suele intervenir de forma directa prohibiendo o penalizando dichas actividades, y generalmente porque puede ser demandada judicialmente como responsable subsidiario, como ocurrió en el caso del aceite de colza.

Los acuerdos internacionales, como el de Kioto, están todavía por aceptarse en todos sus términos en los países más desarrollados como Estados Unidos o China, e incluso en los menos desarrollados en los que se piensa que las acciones prioritarias que deben acometer han de encaminarse a eliminar el hambre, y consecuentemente a producir lo que sea y como sea. La tan cacareada diferencia NORTE-SUR está fundamentalmente establecida en que los países del norte desmontan toda industria contaminante mientras que los países del sur están dispuestos a montarla a cualquier precio y en cualquier número, siempre y cuando proporcione empleo.

El problema mayor hoy en día es que, a pesar de que existe una conciencia clara especialmente en los países europeos de aplicar sistemas de gestión medioambiental que permitan no solo un desarrollo sostenible sino aumentar la calidad de vida de sus ciudadanos mejorando las características del entorno, las motivaciones políticas o económicas son siempre a corto plazo, mientras que el desarrollo sostenible implica trabajar a largo plazo.

Es muy difícil poner de acuerdo a todos los países cuando se trata de sentar las bases de una cooperación mundial que fije medidas concretas de reducción de la contaminación. La ONU, en 1992, patrocinó la Declaración de Río, en la que se recoge un reconocimiento explícito de que la Tierra es el hogar de la humanidad en la que todos los países son interdependientes, por lo que hay que dotarla de un sistema mundial de protección del medioambiente y del desarrollo. Lo del desarrollo es un añadido, puesto que si no se incluía, los países pobres no estaban dispuestos a firmarlo, proclamando veintisiete principios, entre los que el Principio 17, especifica lo siguiente: "Deberá emprenderse una evaluación del impacto ambiental, como instrumento nacional, respecto de cualquier actividad propuesta que probablemente haya de producir un impacto negativo considerable en el medioambiente y que esté sujeta a la decisión de la autoridad nacional competente". Está claro que para la ONU la unidad de medida de un territorio corresponde a cada país miembro, por lo que los principios enunciados en la Declaración de Río se refieren a países aunque la incidencia de la actividad humana no se ciña exclusivamente al área sobre la que se ejerce, sino que las posibilidades de expansión y dispersión de sus repercusiones son muy elevadas, pudiendo alcanzar sus efectos a espacios muy alejados del punto inicial de la actividad.

La preocupación por salvaguardar el medioambiente actúa a todas las escalas. A escala mundial, la OMM (Organización Mundial del Medioambiente), que cuenta con una gran red de estaciones de observación para el desarrollo de un programa de observación de la contaminación (EPMP). La Unión Europea cuenta con la Agencia Europea del Medioambiente (AEMA), que tiene por objeto proporcionar información oportuna, específica, relevante y fidedigna sobre el medioambiente. Estamos al servicio de los responsables de la formulación y aplicación de las políticas medioambientales nacionales y europeas, así como del ciudadano en general; y la propia unión, a través de su programa EMAS, subvenciona a toda empresa industrial que se fije como objetivo la disminución de sus emisiones y residuos, siempre y cuando haga públicos los resultados. En nuestro país, tenemos hasta un Ministerio de Medioambiente y cada comunidad autónoma tiene también su Consejería de Medioambiente y su agencia correspondiente, por lo que la gestión medioambiental es competencia de todas las administraciones, entendiendo por gestión medioambiental el proceso de planificación para fijar las bases de la posibilidad de acogida de un plan, su materialización y el programa de seguimiento y control.

En la resolución del consejo de la UE del 1 de febrero de 1993, se acuñó por primera vez el concepto de *responsabilidad compartida*. Este concepto exige la participación activa de todos los agentes económicos, incluidos los poderes públicos, las empresas públicas y privadas, y el público en general como ciudadanos y consumidores. El papel de los poderes públicos es fundamental, no solo desde el punto de vista legislativo, sino también desde el punto de vista de la gestión de recursos del suelo, la educación, la formación, la información e influir en el mercado por medio de impuestos sobre productos, grabándolos o liberándolos, así como desarrollar programas (LIFE, CITES, etc.), que permitan a las empresas públicas y privadas desempeñar sus papeles respectivos, encaminándolas a una pronta implantación de las directrices medioambientales comunitarias.

Dentro de estas directrices comunitarias, se contempla que muchos aspectos relacionados con la política ambiental sean competencia de las administraciones locales, regionales o autonómicas. Entre otras, destacan:

-   La conservación de la naturaleza.
-   Gestión de residuos.
-   Desarrollo regional y urbano.
-   El desarrollo de infraestructuras.
-   La lucha contra la contaminación industrial.
-   La información, educación y formación de los ciudadanos.

Esto obliga a las administraciones locales a tener que analizar con sentido crítico su propio funcionamiento, por lo que para ser consecuentes con sus competencias, deben empezar por auditarse a sí mismas, entendiendo que una auditoría representa para ellas una evaluación del desarrollo de las tareas que le han sido encomendadas.

II.2. La planificación del territorio

Cada plan de desarrollo precisa de unos recursos y de una administración prudente de los mismos, por lo que se precisa una buena planificación previa. En tal sentido, esta planificación adquiere distinto sentido según las características del espacio concreto que va a ocupar, dado que los objetivos de la planificación ambiental serán distintos cuando se trata de aplicar en un área deprimida o en un área con un rápido desarrollo económico. Realmente, se pueden diferenciar distintos tipos de planificación:

- Planificación física, que tiene en cuenta el medio físico, en especial originada por el desarrollo urbano y centrada en la distribución de los usos del suelo.
- Planificación económica, en la que se implica el concepto de prosperidad de la zona.
- Planificación del paisaje, que analiza en qué medida pueden modificarse o respetarse los elementos naturales, teniendo como finalidad la preservación y conservación del paisaje.
- Planificación ambiental, término menos específico, que se relaciona más con las condiciones de vida y de trabajo, y en ella interviene toda la información del medioambiente.

En las áreas desarrolladas, las medidas que tomar para evitar problemas medioambientales podrían ser:

- Subvenciones para la instalación de dispositivos anticontaminantes.
- Penalizaciones a empresas contaminantes siempre que no sea una única multa que parece que puede dar derecho a la empresa a que siga contaminando, sino una presión sostenida en el tiempo.
- Establecimiento de sistemas que permitan planificar el desarrollo con la intervención y el consenso de la población.

En las áreas deprimidas, dado que lo prioritario será crear empleo, las medidas que tomar podrían ser las mismas, pero añadiendo alguna medida inicial consistente en subvencionar la creación de empleo mediante rebaja de impuestos y disminución de cargas, incluida la Seguridad Social.

Lo ideal sería erradicar por entero los problemas de contaminación ambiental, pero dado que esto resultaría utópico, pues llevaría a una serie de desventajas socioeconómicas difíciles de admitir para la mayoría de la población, solo es posible aumentar su control e intentar subsanarlo tomando medidas para rebajar su nivel. Es impensable que en Madrid, para evitar la contaminación atmosférica, se prohibiese el uso de vehículos y de calderas de calefacción de combustible fósil, pues seguramente los madrileños nos levantaríamos en armas. Esto quiere decir que deben buscarse otros sistemas, como la mejora del transporte público, las subvenciones para el cambio de tipo de calderas, las medidas de tipo legal que mejoren el aislamiento térmico en las viviendas, o cualquier otra similar que puedan ser aceptables para el madrileño, y que servirían como medio de reducción de los niveles de contaminación atmosférico. Esto habría que completarlo con un seguimiento de los datos de contaminación real que se vayan produciendo para tomar, si se precisan, otras medidas más drásticas.

De todas formas, en toda planificación hay que tener en cuenta que el comportamiento del medio y su respuesta o reacción puede ser distinta para cada proyecto, de manera que conviene siempre formular distintas hipótesis que contemplen para un mismo uso, las distintas reacciones previsibles, evaluado cada una de ellas independientemente.

II.3. Evaluación Ambiental Estratégica

El medioambiente y su mejora abarca actuaciones individuales, empresariales, locales, sectoriales, regionales, estatales, e incluso globales, o al menos a nivel de la Unión Europea, donde se pretende aplicar una política ambiental común, y al igual que un conjunto de ladrillos no hace una casa, un conjunto de actuaciones dispersas de control de impacto medioambiental, no conduce necesariamente a un resultado positivo en un desarrollo sostenible que mejore a la vez las condiciones ambientales. Es necesario que toda empresa tenga su manual de gestión medioambiental, que todo proyecto tenga su Evaluación de Impacto Ambiental y que todo Ayuntamiento tenga su plan urbanístico, pero esto no basta para ir en la buena dirección. Es necesario un nivel superior de toma de decisiones que coordine todas estas actividades a través de una Evaluación Ambiental Estratégica (EAE) previa que, con base en políticas, planes y programas, sea capaz de generar un desarrollo sostenible con el menor impacto ambiental posible, y que genere y evalúe alternativas.

Aunque no existe una definición unánimemente aceptada, podríamos escoger como tal la que define la Evaluación Ambiental Estratégica (EAE), como un procedimiento para considerar los efectos medioambientales de políticas, planes y programas en los más altos niveles del proceso de decisión con objeto de alcanzar un desarrollo sostenible.

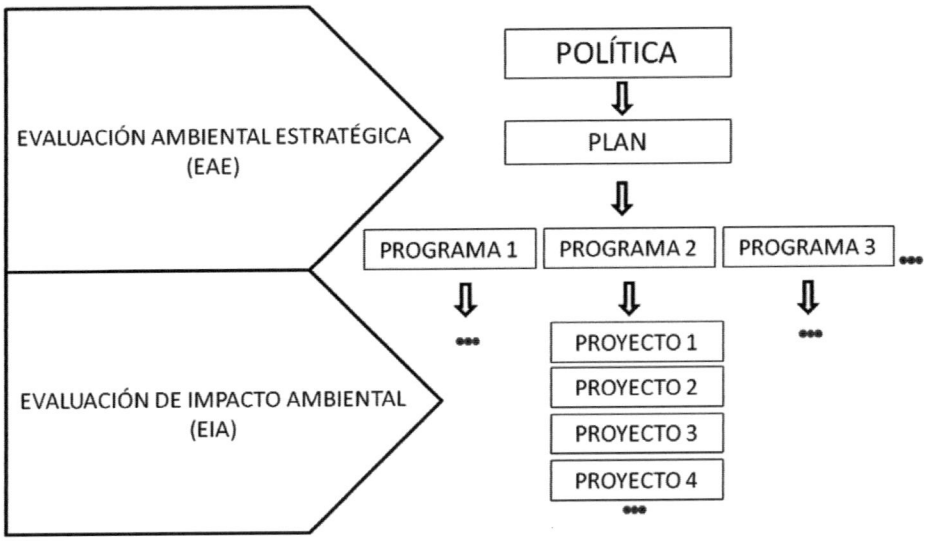

Una política corresponde, como dice el diccionario, a la actividad de los que rigen los asuntos públicos, y en nuestro caso correspondería a las orientaciones o directrices que deben servir de guía para el desarrollo de una acción. Un plan sería el conjunto de objetivos coordinados y ordenados para aplicar la política; y un programa, la articulación de una serie de proyectos previstos en un área determinada. Por ejemplo, la política energética definiría las orientaciones y directrices de las acciones que emprender, que se desarrollarían a través de una serie de planes como el Plan de Generación de Energía, el Plan de Distribución o cualquier otro necesario, planes que corresponderían, en última instancia, a una serie de programas particulares de construcción de centrales eólicas, nucleares o cierre de centrales térmicas con su cronograma correspondiente, y estudio de evaluación, para cada proyecto particular que contemplen de impacto ambiental (EIA), es decir, existe una jerarquía de tal forma que cada política se desarrolle en varios planes, cada plan en varios programas y cada programa en una serie de proyectos. De toda esta cadena jerárquica, el último peldaño, es decir, cada proyecto, debe valorarse a través de una Evaluación de Impacto Ambiental.

II.3.1. Evaluación de la política

Realmente, la política debe acometerse a nivel comunitario o, como mínimo, estatal. Sin embargo, nuestros políticos, ni a nivel horizontal entre partidos, ni a nivel vertical entre las distintas Administraciones dependientes, son capaces de ponerse de acuerdo para desarrollar una Evaluación Ambiental

Estratégica. En nuestro país están pendientes prácticamente todos los planes estratégicos como:

- Plan Energético Nacional.
- Plan Hidrológico Nacional.
- Plan Nacional de Infraestructuras.
- ...

Esta falta de planes nacionales aprobados y evaluados hace que cada autonomía, e incluso cada ciudad, construya un aeropuerto, o cualquier otra cosa que se le ocurra.

La Evaluación Ambiental Estratégica está determinada por una directriz de la Unión Europea, la 2001/42/EC, lo que significa que todos los países miembros de la unión deben ir acomodando a ella su legislación. Esta directiva no es aplicable a Defensa, Protección Civil, Presupuestos y Políticas Financieras, aunque ante la actual crisis se pretende que este último punto se trate de unificar especialmente en lo que atañe a la defensa del euro.

No existe una evaluación ambiental de la política pues, en general, la política corresponde solo a una formulación de objetivos, principalmente de tipo socioeconómico, aunque a veces pueden fijarse objetivos tendentes a corregir degradaciones ambientales. La evaluación de la política debería de hacerse al final de proceso midiendo el grado de cumplimentación de los objetivos formulados.

II.3.2. Evaluación de planes y programas

Lo que pudiéramos definir como "ciclo político", está formado por la formulación de objetivos, y el desarrollo de los planes y programas de que consta con un informe final sobre la decisión adoptada. Consta de cuatro fases principales:

- Agenda.
- Formulación.
- Ejecución.
- Evaluación.

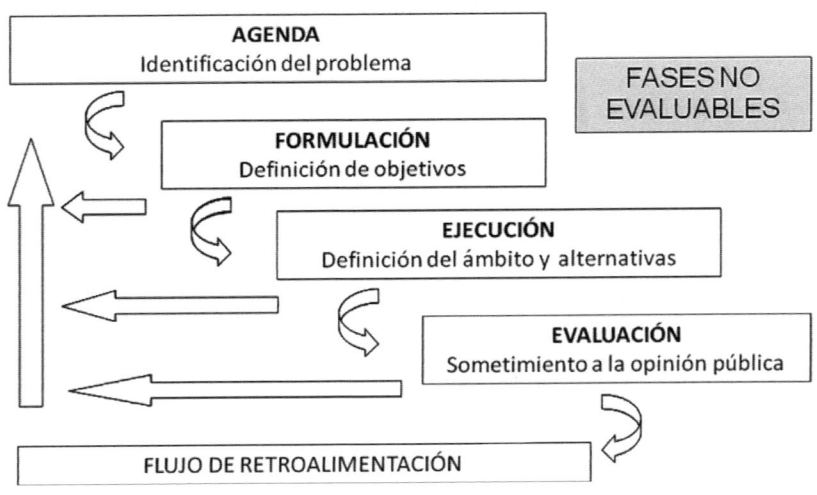

CICLO POLÍTICO

AGENDA
Identificación del problema

FASES NO EVALUABLES

FORMULACIÓN
Definición de objetivos

EJECUCIÓN
Definición del ámbito y alternativas

EVALUACIÓN
Sometimiento a la opinión pública

FLUJO DE RETROALIMENTACIÓN

Las dos primeras, agenda y formulación, no tienen una posibilidad de evaluación ambiental clara, puesto que realmente corresponden a la toma de decisiones políticas, como por ejemplo el Plan Hidrológico Nacional. Su formulación exige la elaboración de una agenda con la asignación de esfuerzos en cuanto a tiempo y dinero, seguida de una negociación previa a la toma de decisiones, por un lado llegando a acuerdos entre todas las fuerzas políticas, lo que se llama "política de estado", para luego negociar con los estamentos sociales a los que va afectar, pues no basta con que los políticos fijen unas necesidades previas no discutibles, sino que las concreciones de los asuntos recogidos en las agendas no deben estar condicionados por cuestiones ajenas al plan, como pueden ser la proximidad de las fechas electorales, la elaboración de los presupuestos generales del Estado o cualquier otro condicionante coyuntural que puede no solo alejar, sino incluso divorciar cada negociación, de la realidad social a la que la agenda afecta. El Plan Energético o el Plan de Infraestructuras son planes necesarios para garantizar el crecimiento de la actividad económica del país y, consecuentemente, deben ser independientes de los partidos y consensuados con los agentes sociales. Toda presentación pública genera beneficios que son:

- Permite expresar al público sus opiniones y preocupaciones.
- Disminuye la conflictividad social ante las iniciativas de desarrollo.
- Se incrementa la responsabilidad y transparencia del proceso de toma de decisión.

- Ayuda a las gestiones de las PPP y proyectos a tomar mejores decisiones.
- Reduce la cantidad de documentación que hay que tramitar.
- Reduce la multiplicación de esfuerzos.
- Se mejora la actividad del proceso de decisión y sus realizaciones.
- Resta interés a la presentación de propuestas deficientes.
- Fomenta la innovación.
- Contribuye a reforzar la confianza de las comunidades afectadas.
- Contribuye a la concienciación ciudadana sobre las cuestiones ambientales.
- Ayuda a perfilar alternativas al diseño de las PPP.

Las dos últimas fases, ejecución y evaluación, también tienen ciertas particularidades en cuanto a la posibilidad de poder ser evaluadas a través de técnicas específicas de Evaluación de Impacto Ambiental (EIA), especialmente cuando la intervención de los políticos o los medios de comunicación pretenden imponer sus criterios por encima del criterio de los técnicos, que son aquellos que realmente pueden y deben valorar de forma inequívoca las diversas alternativas que puedan acometerse en cada programa concreto. Sin embargo, aparte de los técnicos debe recabarse también el resultado de las consultas públicas antes de la toma de decisión final sobre planes y programas. El informe final debe incluir las condiciones en que se ha de efectuar su seguimiento, y consecuentemente el grado de incumplimiento de planes y programas.

La evaluación de los resultados de la ejecución suele ser menos conflictiva que cualquiera de las otras, pues aunque el informe final debe incorporar una evaluación global, esta valoración recibe una menor atención. Pasadas las elecciones o la elaboración de los presupuestos, "el olvido" o interés de los políticos por recibir información sobre la eficacia y eficiencia de los proyectos finalizados, desciende notablemente pues no sirve como argumento electoral inmediato. Solo los medios sociales o mediáticos pueden tener interés en el seguimiento de los efectos a largo plazo.

Desgraciadamente, esto que es lo que debería de hacerse para poder garantizar un desarrollo sostenible, y en la mayoría de los caso es todo lo contrario de lo que se hace. Las cuestiones ambientales empiezan a discutirse como elemento de enfrentamiento electoral cuando se produce un "punto de alarma", como por ejemplo el aumento de la contaminación atmosférica en una determinada ciudad, o la inundación parcial de otra. Es entonces cuando la oposición reclama la adopción de medidas que palien o eliminen la alarma ciudadana, sin esperar a ponerse de acuerdo en la adopción de una política integral que sea capaz de erradicar de una vez los problemas.

II.3.3. Fases para la Evaluación Ambiental Estratégica inicial

Las fases que pudiéramos llamar "técnicas" corresponderían a las siguientes:

- Diagnóstico del problema: identificado el problema, es conveniente fijar un completo diagnóstico del mismo en el que se recojan no solo los síntomas actuales, sino también su posible tendencia futura. De ahí la necesidad de fijar una agenda para las actuaciones previstas, en la que se indique el principio y final de dicha actuación.
- Fijación de objetivos: es una fase determinante, especialmente para poder establecer qué alternativas son desechables y cuáles aprovechables antes de iniciar un análisis en profundidad de las mismas. Los objetivos han de recoger no solo objetivos ambientales sino también, y sobre todo, económicos, dado que su fin primordial lo constituye el desarrollo del país.
- Definición del ámbito y alternativas: la elección del territorio en los que se va a desarrollar los programas han de perseguir el equilibrio en el desarrollo, por lo que la fijación de alternativas ha de tener en cuenta, si es posible, la preferencia en la elección de zonas deprimidas sobre zonas desarrolladas.
- Sometimiento a la opinión pública (*screening*): la evaluación por las autoridades ambientales es una valoración eminentemente técnica pero la aceptación de los programas y los proyectos que los desarrollan necesitan de la conformidad pública de la sociedad donde se van a ejecutar. En ocasiones, como en el caso de la construcción de un almacén de residuos nucleares, se requiere una campaña de información veraz previa, evitando en lo posible la intromisión de organizaciones ajenas al ámbito territorial, pero que tienen inamovibles prejuicios.

II.3.4. Ejemplo de Evaluación Ambiental Estratégica

Si tomamos como base el Plan Hidrológico Nacional del 2001 podemos esquematizar el flujo de información necesario para la realización del proceso de su Evaluación Ambiental Estratégica.

- Diagnóstico de problemas hidrológicos: Insuficiente disponibilidad de recursos hídricos para dar cobertura a las demandas existentes.

  - Deterioro de los niveles de garantía del abastecimiento urbano.
  - Precariedad y falta garantía de los regadíos.
  - Tendencia de uso exhaustivo y agotamiento de recursos renovables y no renovables.

- Enunciado de los objetivos generales de la planificación hidrológica teniendo en cuenta el marco jurídico nacional y comunitario.

  - Obtener un adecuado nivel de garantía de suministro de agua potable a la población.
  - Subsanar las situaciones de precariedad en las explotaciones de regadío.
  - Prevenir la escasez de recursos hídricos sobre los sectores productivos.
  - Contribuir al uso sostenible de los recursos hídricos eliminando la sobreexplotación y la degradación de los acuíferos de dominio público.
  - Mejorar la calidad ambiental de los sistemas hidrológicos y de los ecosistemas y paisajes ligados a ellos.

- Marco general de la planificación hidrológica: corresponde a la definición del ámbito y los principios fundamentales que hay que considerar.

  - La cuenca es el ámbito básico de la planificación.
  - La prevención ha de ser el eje central de la planificación.
  - Integrar la dimensión ambiental y socioeconómica bajo la óptica de la sostenibilidad de los recursos hídricos.
  - Mejorar el estado de los recursos hídricos así como el aire y el suelo.
  - Salvaguardar los valores ecológicos.
  - Fomentar la racionalidad económica de las iniciativas.
  - Fomentar el equilibrio social y territorial.
  - Obtener el consenso social mediante la información y la participación.

- Selección de opciones y alternativas: propuesta de opciones estratégicas y criterios de selección.

  • Ha de plantearse siempre cronológicamente, iniciándose por aquella en la que se tengan en cuenta solo los recursos propios, convencionales o no convencionales, de la cuenca, y que cumpla el mayor número de los objetivos definidos. Precisamente este ha de ser uno de los motivos principales de rechazo de una alternativa.
  • Las alternativas no tienen por qué estar totalmente definidas técnicamente.
  • Ha de existir siempre un "Plan Cero" o "No Plan".
  • Las diversas alternativas han de ser cualitativamente dispares.
  • El desarrollo de alternativas ha de retroalimentar el proceso de toma de decisiones.

Un sistema muy simple para la eliminación de alternativas corresponde simplemente a valorar cada uno de los objetivos enunciados, cinco en nuestro caso, y puntuar cada uno de ellos con un valor 0, si en la alternativa no se cumple, un valor 1, si se cumple solo parcialmente, y un valor 2 si se cumple por entero, eliminando la alternativa que en su valoración de objetivos no alcance una puntuación de la mitad mas uno de los puntos posibles, o si se quiere ser más restrictivo, 3/5, o 4/5 de la puntuación máxima conseguible.

- Elección de la solución más adecuada: la eliminación de soluciones alternativas no supone la elección de la opción más adecuada, pues realmente esta será aquella que corresponda a la que mejor se integre ambientalmente afectando lo menos posible a los efectos socioeconómicos y sea viable económicamente.
- Redacción del borrador del PPP: el borrador del PPP ha de recoger la definición de los programas y proyectos que componen el plan, y también las alternativas consideradas viables.
- Informe de Sostenibilidad Ambiental (ISA): el borrador del plan ha de remitirse al órgano ambiental competente para que en unión del propio borrador pueda someterse a la opinión pública. El Informe de Sostenibilidad Ambiental puede realizarse de tres formas posibles que son:

  • Las basadas en la evaluación del impacto ambiental (EIA) considerando que el PPP se asemeja a un proyecto aunque más amplio de lo que los proyectos pueden ser.

- Las basadas en los criterios de sostenibilidad (energía y recursos que utilizar).
- Las basadas en modelos de ordenación territorial.

- Participación pública: El borrador del PPP y el Informe de Sostenibilidad Ambiental (ISA) han de someterse a información pública antes de su aprobación definitiva, recogiendo especialmente los criterios de los organismos competentes afectados como ayuntamientos, asociaciones de regantes, y cualquier otra que pudiera verse afectada por el plan.
- Redacción de la memoria ambiental: es preceptiva, y en ella se recogen todos los criterios de valoración públicos recibidos y, si puede ser, con los motivos para su admisión o rechazo en el PPP definitivo.

A partir del la redacción del PPP definitivo solo queda marcar las condiciones en las que se ha de realizar su seguimiento.

II.4. Definición del ámbito

La evaluación del ámbito es una de las cuestiones que presenta mayores dificultades. La elección de un ámbito excesivamente extenso puede dar lugar a una pérdida de tiempo y de presupuestos que difuminen los resultados de la evaluación, mientras que un ámbito demasiado reducido puede dar lugar a una evaluación incompleta. Realmente, en función del nivel de las PPP, así se podrá definir la extensión del ámbito. El desarrollo de una Política Energética Nacional tendrá por ámbito todo el territorio, hasta que se llegue a la elaboración de los planes de sustitución de centrales térmicas, cuyo ámbito quedará reducido a la ubicación geográfica de la central que sustituir. El Plan Hidrológico del Ebro tendrá un ámbito reducido a una zona geográfica muy concreta, que si tenemos en cuenta el Plan Hidrológico Nacional deberá referirse a su cuenca, limitada al punto de inicio, estaciones parciales y punto o puntos finales de distribución. Sin embargo, aun así, en la EAE, los ámbitos que considerar suelen ser muy extensos debido principalmente a:

- La distribución espacial de las PPP suelen carecer del grado de precisión geográfica que tienen los proyectos que requieren la Evaluación de Impacto Ambiental (EIA).
- Aunque las PPP parezca que definan claramente un ámbito determinado como puede ser la Política Nacional de Carreteras, en general, habrá que

tener en cuenta la evaluación del posible impacto en la red secundaria provincial y local, e incluso evaluar su impacto en otros medios de transporte como el ferrocarril.

- La elección de un ámbito más extenso para la EAE se debe fundamentalmente a que dado que el objetivo de las PPP es integrar las posibilidades que el medio ofrece al desarrollo, y no sus limitaciones, es necesario, fundamentalmente desde el punto de vista socioeconómico, potenciar los impactos positivos generales, en vez de destacar los aspectos negativos locales que puedan darse, unido a que ampliando el ámbito geográfico es posible analizar mayor número de alternativas posibles.

No existen criterios simples que permitan definir con precisión el ámbito territorial de una EAE concreta. Sin embargo, pueden utilizarse como ayuda los impactos potenciales que pueden generarse, como cambios de uso del suelo o emisión de contaminantes y residuos, y la información existente sobre el medio biofísico y socioeconómico que puede ser afectado.

Podemos incluir aquí algunas preguntas cuyas respuestas pueden determinar el ámbito y la escala de la evaluación:

- ¿Cuál es el ámbito afectado por aquellas acciones que tienen un claro reflejo territorial?
- ¿Cuál es el ámbito que se desprende de las fases de selección de iniciativas y de determinación del alcance de la evaluación?
- ¿Existen acciones que impliquen impactos de carácter global?
- ¿Cuál es la información disponible y qué nivel de agregación (completa y veraz) tiene?

II.5. Camino de mínimo impacto

Una obra lineal como una autovía o un ferrocarril, aunque afecta a una superficie de pequeña anchura, atraviesa ámbitos tan diversos que la estimación de su trazado ha de realizarse acudiendo a técnicas específicas de Evaluación Ambiental Estratégica, aunque realmente correspondan a un único proyecto. Este tipo de obras civiles suele subastarse luego por tramos para los que ya se realiza una Evaluación de Impacto. La Evaluación Estratégica previa está prevista para determinar el "camino o recorrido de mínimo impacto". El proceso consistiría en lo siguiente:

1. Elaboración de los mapas medioambientales.
2. Superposición de los mismos y determinación del camino de mínimo impacto.
3. Elaboración de informe.

Aunque no siempre está disponible toda la información en el Instituto Geográfico, sí es posible conseguir gran parte de la cartografía requerida, aunque sea necesario modificar la escala. Los principales mapas que superponer corresponden a:

- Mapa hidrológico.
- Mapa de usos del suelo.
- Mapa de núcleos urbanos.
- Mapa de infraestructuras lineales.
- Mapa de espacio protegidos.
- Mapa de patrimonio cultural o arqueológico.

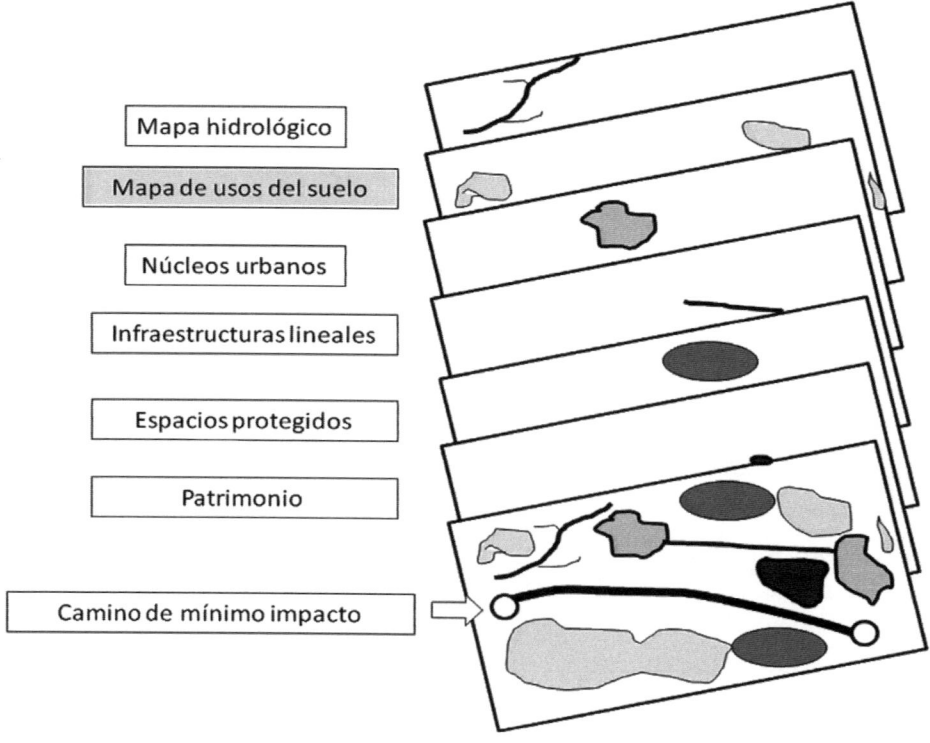

A cada uno de ellos se le da un color convencional (verde, rojo, amarillo, azul, etc.), y una vez superpuestos todos ellos, si se aprecia una zona sin color, esa zona corresponde a aquella de mínimo impacto, por lo que sobre en ella y en función de sus características geográficas se traza la autovía o línea ferroviaria correspondiente.

II.6. Ejercicios

1. Dentro del medio natural, define el deterioro que puede sufrir el aire.
2. ¿Cómo clasificarías los tipos de agua desde el punto de vista ambiental? ¿Y desde el punto de vista de su uso?
3. Los residuos sólidos urbanos individuales tienen regulada su clasificación. ¿Crees que esta clasificación es suficiente para una eliminación o reciclaje eficiente?
4. Desarrolla un Plan Hidrológico para la cuenca de algún río, con especial mención de los programas y proyectos que podrían incluirse en la alguna comunidad concreta.
5. Efectúa una Evaluación Ambiental Estratégica inicial para dicho Plan Hidrológico.
6. Redacta un Informe de Sostenibilidad Ambiental para dicho plan.
7. Define un programa para la cuenca de un río o arroyo especialmente contaminado o que se desborda habitualmente, dentro del plan mencionado.
8. Asigna algún proyecto a dicho programa que contemple la descontaminación del río.
9. Asigna fases de seguimiento de ese proyecto.
10. Fija criterios de evaluación de la eficiencia de ese proyecto.

CAPÍTULO III: Estudio medioambiental del territorio

III.1. Introducción

Una actividad y su entorno ha de entenderse como parte de un sistema integrado, por lo que cuanto antes se inicie el proceso de integración del proyecto de actividad en el entorno y se analice su posible incidencia, la toma de decisiones recogerá los elementos o factores que actúen en el sentido más positivo de minimizar el impacto y aumentar la aptitud, entendiendo por impacto el efecto que produce una determinada acción humana sobre el entorno: la evaluación del impacto tiene por objeto:

- Seleccionar actividades razonables desde el punto de vista del entorno.
- Localizar estas actividades de acuerdo a la "capacidad de acogida del entorno".
- Regular el comportamiento de las actividades.

Se entiende por "capacidad de acogida" el grado de idoneidad de las actividades humanas con relación en el medio, y esta cualidad conduce a la formulación de un sistema de evaluación de impactos que debe hacerse antes del inicio del proyecto, pues puede corresponder a un factor determinante para que se descarte seguir el proceso.

La capacidad de acogida puede estimarse utilizando una matriz con doble entrada en la que se trata de determinar en función de los rangos de aptitud y los rangos de impactos, valorados de forma cualitativa o utilizando un sistema de valoración cuantitativa a base de indicadores. Esta valoración conduce a definir si el proyecto que se pretende abordar, es excluyente o tiene una capacidad de acogida máxima, alta, media o baja. Los niveles de umbral de exclusión pueden fijarse en función de la necesidad de acometer el proyecto objeto de estudio.

Valoración de la "capacidad de acogida"

RANGOS DE APTITUD						R A N G O S D E I M P A C T O S
MUY BAJA	BAJA	MEDIA	ALTA	MUY ALTA		
		MEDIA	ALTA	MÁXIMA	MUY BAJO	
		BAJA	MEDIA	ALTA	BAJO	
		MUY BAJA	BAJA	MEDIA	MEDIO	
					ALTO	
					MUY ALTO	

Umbral de impacto

☐ A descartar

Umbral de aptitud

El **"impacto"** corresponde a la evaluación de las repercusiones que se inician con la actividad, y modifican el entorno; y la **"aptitud"** corresponde a la búsqueda de las condiciones más favorables que presenta el entorno para el desarrollo de la actividad.

Mientras que el impacto corresponde al análisis de las repercusiones que se inician en la actividad y modifican el entorno, la aptitud corresponde a la búsqueda de las condiciones más favorables que presenta el entorno para el desarrollo de la actividad.

III.2. Evaluación cuantitativa de la capacidad de acogida

La evaluación cuantitativa de la capacidad de acogida puede hacerse de forma sencilla sin más que adjudicar un número a una serie de valoraciones cualitativas, de tal forma que se defina un indicador por cada propiedad o característica que pueda ser afectada por la actividad, como los recursos hídricos, la erosión o contaminación del suelo, la deforestación, por lo que lo primero que habrá que definir son las cualidades del entorno que van a ser afectadas. Una vez definidas estas, la capacidad de acogida será el índice correspondiente a la suma de los valores de las características afectadas como siempre, multiplicando por un valor de ponderación que permita reflejar la afectación relativa que sufre cada indicador como consecuencia del desarrollo de la nueva actividad o proyecto que desarrollar.

El índice de la capacidad de acogida será tanto más alto cuanto mayor sea el valor numérico obtenido.

Afectación	Hídrica *(In)*
VALORES CUALITATIVOS	VALORES CUANTITATIVOS
Muy alta afectación de los recursos hídricos	0
Alta afectación de los recursos hídricos	1
Media afectación de los recursos hídricos	2
Baja afectación de los recursos hídricos	3
Escasa o nula afectación	4

$$ICA = \frac{\sum_{1}^{n} In_i V_{pi}}{\sum_{1}^{n} V_p . In_i \, máximo}$$

en donde *In* corresponde al valor de cada indicador, y V_p, a su valor de ponderación.

Una vez definido el índice de capacidad de acogida, solo queda definir su valor de exclusión, es decir, el valor por debajo del cual no debe acometerse la actividad.

III.3. Identificación de prioridades

La mayoría de los modelos para analizar las prioridades se basan en el concepto de desarrollo sostenible. En este sentido, se desglosan en metas concretas e indicadores que sirven para su evaluación. La forma más extendida es ir desglosando y concretando los principios generales de desarrollo sostenible en objetivos y metas más concretos, llegando incluso hasta el nivel de indicadores.

A modo de ejemplo, adjuntamos una tabla de objetivos relacionados con el desarrollo sostenible.

TEMA	INDICADOR	OBJETIVOS
Cambio climático	Emisiones de CO_2	- Estabilización de emisiones año… - Reducción progresiva en 100… /año
Zonas costeras	Zonas costeras en relación con la superficie total	- No deben disminuirse más del 10 %
Calidad de suelos	Área afectada por la desertización	Reducir en un 10 % el área afectada o reducir su intensidad
Naturaleza y biodiversidad	Superficie protegida con relación al total	Incremento de la superficie total protegida
Calidad de las aguas	Calidad de las aguas subterráneas	Umbrales establecidos por la UE para nitrógeno, abono orgánico, etc.
Manejo de residuos sólidos	Generación de residuos peligrosos	Prevenir o minimizar la producción de residuos peligrosos
Ruidos	Población afectada por 65 dB (A), o más	Nadie debe estar expuesto a estos niveles nocturnos
Impactos especiales	Número de asentamientos atravesados por infraestructuras, según número de habitantes y tipo de infraestructura	Mantener niveles actuales de ocupación de infraestructuras (~3 % del territorio)

III.4. Inventario ambiental

Es una descripción completa del medio tal y como es, en un área donde se plantea realizar una determinada actuación. Se estructura a partir de una lista de control de parámetros de los medios físico-químico, biológico, cultural y socioeconómico. Los medios físico-químico y biológico constituyen el "medio natural", mientras que los medios cultural y socioeconómico representan el "medio humano".

El inventario ambiental sirve como base para evaluar los impactos potenciales de una actuación propuesta, tanto los de carácter beneficioso como los perjudiciales, y representa el primer paso para el proceso de evaluación del impacto ambiental. Se trata de identificar y censar, partiendo de una delimitación cartográfica, todos los aspectos ambientales que pueden ser afectados por el proyecto. Es imprescindible para poder prever las alteraciones que se puedan producir y, consecuentemente, evaluarlas.

La planificación del inventario está sujeta a una serie de pasos obligatorios, que pueden resumirse en:

- Determinar los elementos que deben ser inventariados.
- Definir el grado de detalle que debe tenerse en cuenta en el inventario.
- Valorar las distintas unidades territoriales identificadas.
- Identificar las interacciones que existen entre las distintas variables.
- Determinar la evolución pasada y posible de los parámetros significativos.
- Identificar la planificación y políticas territoriales y económicas concurrentes, que pueden condicionar las futuras tendencias del territorio.

III.4.1. Inventario del medio físico-químico inerte.

El medio inerte o abiótico contempla los siguientes factores:

- El clima.
- La atmósfera.
- La geología (el suelo y subsuelo).
- La hidrología (superficial y subterránea).

III.4.1.1. El clima

La Península Ibérica goza de un clima templado, aunque entre regiones puede tener diferencias apreciables, pudiendo llegar a seco en algunos casos. Esto equivale a decir que en función de determinados parámetros, especialmente temperatura y precipitaciones, en ocasiones altitud, pueden existir diversos mesoclimas en una región geográfica no muy extensa. En general, un proyecto solo puede afectar a las condiciones microclimáticas, es decir, al entorno del hábitat de determinadas especies vegetales o animales.

Podemos establecer como parámetros característicos para valorar los cambios, los siguientes:

o Temperatura.
o Precipitación.
o Humedad.
o Viento.

Si nuestro proyecto consiste en construir un embalse, el factor climático más afectado será un aumento de la humedad y, en segundo lugar, dado el carácter regulador del agua sobre la temperatura, una disminución relativa de la diferencia entre temperatura máxima y mínima.

III.4.1.2. La atmósfera

Dado que el viento ya lo hemos contemplado en el apartado del clima, los parámetros que deben intervenir en valorar sus cambios, y consecuentemente los impactos son:

• Contaminantes ($\% SO_2$, $\% NO_2$, $\%CnHn$, partículas en suspensión, CO, partículas sedimentables, $\% Pb$, $\% Cl_2$, $\%$ compuestos de fluor…).
• Ruido.

El índice de calidad del aire puede ser el valor más indicativo para evaluar el impacto ambiental. Si se trata de una obra lineal como carretera o ferrocarril habrá también que acudir a la valoración del ruido, aunque en el proceso de ejecución de cualquier otro tipo de proyecto, este factor también puede ser importante.

III.4.1.3. La geología (suelo y subsuelo)

Los parámetros característicos que pueden servir para cuantificar el impacto pueden ser:

• Inestabilidad.
• Erosionabilidad.
• Riqueza del subsuelo.

La inestabilidad, más que a la sismicidad que es un factor no alterable, corresponde al cambio de morfología y movimientos de tierras que ejecutar, es decir, si el proyecto supone la realización de taludes, pendientes pronunciadas, excavaciones o cualquier otro tipo de proyecto que entrañe un gran movimiento de tierras. La erosionabilidad está ligada a la inclusión de superficies desnudas o de escasa protección a los cambios climáticos, como ventiscas o precipitaciones. La riqueza del subsuelo corresponde tanto a los aspectos puramente geológicos de materiales presentes en las estratificaciones, como a la riqueza paleontológica, sean fósiles o restos culturales. En este sentido, es conveniente realizar un análisis geológico que contemple todos los aspectos indicados. Así mismo, podemos contemplar en su aspecto más superficial, la humedad, su calidad en *humus*, es decir su aptitud para el cultivo.

III.4.1.4. La hidrología (superficial y subterránea)

Los principales parámetros que sirven para caracterizar y evaluar el impacto son:

- Modificación de flujos de aguas superficiales y subterráneas.
- Impermeabilización de áreas de recarga de acuíferos.
- Contaminantes (nutrientes, pesticidas, metales pesados).

El primer aspecto ha de contemplar las formas de aguas presentes que pueden verse afectadas como ríos, arroyos, torrentes, lagos, lagunas, etc., con su estimación de caudales. Esto conduce a un estudio de la cuenca, cauce, vertiente, sus modificaciones, especialmente barreras, tipo y distribución de drenajes y escorrentías, estimación de caudales incluyendo posibles avenidas. El segundo aspecto afecta a puntos de agua como fuentes, manantiales, al nivel freático o la dirección de las líneas de flujo subterráneo. El tercer aspecto puede evaluarse a través de la variación que sufra el índice de calidad del agua, en los que, además de la concentración de contaminantes, hay que considerar otros indicadores tanto físicos (olor, color, sabor...), como químicos (pH, dureza, oxígeno disuelto...). Todos estos aspectos han de valorarse también para la ejecución.

III.4.2. Inventario del medio físico-biótico

El medio físico-biótico comprende:

- Vegetación.
- Fauna.
- Espacios de interés ecológico.

- Percepción visual del medio, es decir, paisaje.

III.4.2.1. La vegetación

A la hora de definir las formaciones vegetales hay que establecer una metodología que contemple tanto la cantidad como la calidad. Para poder asignar valor a este concepto de "calidad", hay que establecer jerarquías en función de criterios puramente taxonómicos, es decir, biológicos, o en términos de percepción, es decir, paisajísticos. Los parámetros característicos para cuantificar el impacto pueden ser:

- Inventario: cantidad y "calidad" de las especies dominantes.
- Diversidad.
- Capacidad de soporte a especies animales.
- Grado de conservación de todas las cualidades anteriores.

La valoración de estos parámetros, en función de la cantidad del espacio afectado, ha de realizarse por métodos estadísticos, es decir, por muestreo. El tipo de muestreo que utilizar ha de estar definido de antemano escogiendo entre: muestreo *al azar*, *estratificado*, es decir, fijar uno o varios factores determinados a priori que determinan las unidades que valorar, o *regular*, es decir, se establecen muestreos en zonas situadas a distancias regulares.

III.4.2.2. La fauna

Para la caracterización tanto de la vegetación como de la fauna, ha de tenerse en cuenta la estacionalidad de la que son dependientes ambos componentes.

Los parámetros característicos son:

- Inventario: cantidad y "calidad" de las especies presentes.
- Diversidad.
- Identificación del hábitat que puede verse afectado por el proyecto.
- Localización de áreas sensibles como rutas, nidificación, invernada.

El inventario de especies ha de ligarse al ámbito de estudio indicando su ubicación espacial preferente y su abundancia indicando si se trata de especies especialmente protegidas. La creación de barreras que impidan el paso a rutas de acceso al agua, a su particular alimento, o cualquier otra, han de valorarse negativamente.

III.4.2.3. Espacios de interés ecológico

Es importante la caracterización y el estudio de todos los ecosistemas presentes, especialmente aquellos que tengan interés por sus relaciones ecológicas flora-fauna y entorno (agua, alimento, etc.) del que dependen.

Hay que inventariar todos los que haya o puedan identificarse, para poder establecer criterios de valoración de su posible destrucción parcial o total directa o indirecta.

III.4.2.4. Paisaje (percepción visual)

Al paisaje es difícil asignarle ubicación, pues puede considerarse tanto como recurso, y ese ha sido nuestro criterio, o como patrimonio cultural, pues entonces habría que ubicarlo en el inventario del medio humano.

El considerar el paisaje como recurso quiere decir que debe ser estudiado per se, es decir, como un fin en sí mismo. Esto implica que puede ser clasificado y valorado, y consecuentemente puede objetivarse, eliminando en la medida de lo posible valores plásticos como color, composición, etc.

Se define como cuenca visual de un punto aquella porción de territorio visible desde ese punto. Si tomamos como punto de observación el propio proyecto que ejecutar, está claro que la cuenca visual definida desde él pertenece a la cuenca visual definida desde cualquiera de esos puntos, es decir, si yo desde la obra veo un punto, desde ese punto se ve la obra.

Un sistema objetivo para valorar el paisaje puede consistir en dividir el territorio en cuadrículas regulares, y establecer desde cuántas de ellas aparece la obra en su cuenca visual, teniendo en cuenta como factores importantes para definir la visibilidad, la distancia y la inclinación visual.

Los condicionantes subjetivos para la valoración del paisaje pueden ser tan dispares como la capacidad de imaginación o la educación, por lo que lo mejor es no valorarlos.

III.4.3. Inventario medio humano

El inventario humano comprende:

- Medio socioeconómico.
- Medio social.
- Uso de recursos naturales.
- Calidad de vida.
- Patrimonio cultural.

III.4.3.1. Medio socioeconómico

Aparte de la clasificación en áreas desarrolladas, en desarrollo, o deprimidas que, en general, sirve para la planificación estratégica, los parámetros que tener en cuenta para la realización del inventario son:

- Demografía.
- Sectores económicos.

El volumen y la tendencia de la población en el sentido de crecimiento, estancamiento o decrecimiento es un parámetro que permite la evaluación de los impactos en cuanto que el proyecto diseñado puede poner freno o acelerar esas tendencias. Es conveniente, además, valorar esos parámetros para los grupos de edad que constituyen la población, pues no es lo mismo que el grupo de edad mayoritario sea el mayor de sesenta y cinco años, que menor de veinte años.

La Unión Europea contempla cuarenta y nueve sectores económicos distintos que van desde Alimentos a Educación, pasando por Ocio o Defensa. El pretender construir un colegio en un área industrial sería muy poco adecuado, entre otras cosas por los posibles contaminantes que puedan generarse y emitirse a la atmósfera, efluentes o suelo. Ha de tenerse en cuenta, pues, la existencia de áreas con especialización económica determinada, y no situar o autorizar la construcción de una industria pesada en una urbanización, puesto que no supondría una mejora económica de la zona, sino todo lo contrario, pues si bien podría aumentar la posibilidad de empleo, supondría una disminución del valor del suelo o la vivienda.

Factores inventariables

•Medio natural:
- ■Medio físico-químico inerte
  - ✓Clima
  - ✓Atmósfera (aire)
  - ✓Hidrosfera (agua superficial y subterránea)
  - ✓Litosfera (suelo y subsuelo)
- ■Medio físico-biótico (biológico)
  - ✓Vegetación (flora)
  - ✓Fauna
  - ✓Espacios de interés ecológico
  - ✓Paisaje (percepción visual)

•Medio humano:
- ■Medio socioeconómico
- ■Medio social
- ■Uso de recursos naturales
- ■Calidad de vida
- ■Patrimonio cultural

III.4.3.2. Medio social

La tipificación del medio social puede hacerse utilizando como parámetro los grupos sociales. Puede tratarse de un único grupo uniforme o, por el contrario, puede tratarse de unos grupos de características muy dispares como emigrantes poco integrables, en medio de un grupo social de escasos recursos. En cualquier caso, cualquiera que sea el proyecto que desarrollar habrá que contar con la opinión de los grupos sociales existentes antes de abordar su ejecución, es decir, habrá que cuantificar la aceptación social del proyecto.

III.4.3.3. Uso de recursos naturales

Dentro de los recursos naturales y su uso hay que distinguir:

o Uso del suelo.
o Uso del agua.
o Contaminantes potenciales.

En el uso del suelo se deberá distinguir si se trata de actividades productivas como agricultura, ganadería, actividades extractivas, bosques o suelo urbanístico o urbanizable, si se usa para actividades lúdicas como caza, o de ocio.

En el caso del agua, aparte de para qué se usa, indicando si se ejercen actividades lúdicas como la pesca.

Necesariamente, habrá que estimar los contaminantes que pueden alterar las condiciones ambientales durante y después de la ejecución del proyecto.

III.4.3.4. Calidad de vida

La calidad de vida habrá que estimarla a través de una serie de indicadores que permitan definir un índice basado en ellos. Entre otros habrá que contemplar salubridad, confort, dotaciones, empleo, nivel económico, comunicaciones y todos aquellos indicadores que puedan afectar de forma negativa como inundaciones, riesgo potencial de accidentes, grupos con especial protección como niños o ancianos, y cualquier otro tipo de afección directa o indirecta.

III.4.3.5. Patrimonio cultural

Un inventario del patrimonio cultural debe de contemplar, en primer lugar, el patrimonio arqueológico, histórico y artístico. En segundo lugar, redes de vías pecuarias, montes, infraestructuras existentes y equipamientos sociales. En tercer lugar, y en su parte negativa, debe contemplarse la posibilidad de la destrucción directa o indirecta, parcial o total de todo lo anterior, así como cuestiones que afectan a la estética y a la contaminación especialmente acústica.

III.5. Valoración del inventario

Realizado el inventario es necesario valorarlo. No existe una metodología universalmente aceptada para realizar esta valoración, solo para algunos paráme-tros hay alguna legislación, como la calidad del agua potable que, basándose en la OMS (Organización Mundial de la Salud), fija cómo han de valorarse.

Vamos a proponer tres posibles metodologías para valorar el inventario, teniendo en cuenta que la metodología utilizada condicionará en alguna medida la posterior Evaluación del Impacto Ambiental. Las tres metodologías propuestas son:

- Numérica.
- Ordenación jerárquica.
- Semicuantitativa.

III.5.1. Valoración numérica

Se asigna un valor numérico a cada unidad de tal forma que las diferencias entre ellas son cuantitativas. La mejor forma de hacerlo es tener un listado donde figuren los valores numéricos asignados a cada una de ellas, de tal forma que siempre se aplique un mismo número para efectuar cualquier valoración. La metodología podría consistir en asignar 50 puntos a cada grupo del inventario y distribuir esos 50 puntos a cada parámetro que se contempla, por ejemplo, si se trata de un medio rural natural, podrían asignarse 10 puntos a vegetación, 15 puntos a fauna, 20 puntos a espacios de interés ecológico y 5 puntos a percepción visual.

III.5.2. Valoración jerárquica

Mediante este sistema sería necesario establecer una ordenación jerárquica de todas las unidades existentes y asignar un valor numérico descendente según el orden jerárquico establecido.

III.5.3. Semicuantitativa

Consistiría en utilizar para cada unidad una clasificación de alta, media o baja, e incluso como hemos hecho en la valoración de la capacidad de acogida utilizando cinco niveles. Si le asignamos un número a cada nivel, podríamos convertirla en cuantitativa si definimos claramente la separación entre niveles, por ejemplo, consideramos "muy alta" si representa entre el 100 y el 90 % del espacio total, alta si está entre el 70 y el 90 %, y así sucesivamente. Quien dice del espacio puede referirse a la población o al número de reses en función de la unidad que se trate de valorar.

III.6. El medioambiente en la Unión Europea

La AEMA (Agencia Europea del Medioambiente) presenta informes periódicos sobre la integración de las acciones ambientales en los países miembros tratando de unificar los criterios de evaluación de las acciones medioambientales en las políticas sectoriales. Estos criterios afectan preferentemente a:

- Integración económica: ¿Se han fijado y utilizado indicadores de eficiencia económica para controlar el avance hacia un mayor bienestar con menor impacto sobre la naturaleza?
- Integración en el mercado:

  o ¿En qué medida se han cuantificado los efectos negativos para el medioambiente?
  o ¿En qué medida se han internalizado en los precios los efectos negativos para el medioambiente a través de instrumentos basados en el mercado?
  o ¿Qué eficacia han tenido estos instrumentos?
  o ¿En qué medida se han reinvertido directamente los ingresos procedentes de estos instrumentos para promover el empleo?
  o ¿En qué medida se han retirado o reorientado las subvenciones y exenciones fiscales perjudiciales para el medioambiente?
  o ¿En qué medida se han introducido instrumentos basados en el mercado que favorezcan el medioambiente?
  o ¿En qué medida se han reinvertido directamente los ingresos procedentes de estos instrumentos para modificar los comportamientos?

- Integración de la gestión:

  o ¿Se realizan evaluaciones de impacto ambiental adecuadas antes de la ejecución de los proyectos?
  o ¿Se realizan evaluaciones estratégicas de impacto ambiental en políticas, planes y programas a diferentes escalas espaciales?
  o ¿Se fomenta la compra de suministros "verdes" por parte de las entidades públicas y privadas?
  o ¿Se aplican y controlan otras medidas ambientales sectoriales?

Tratando de resumir los principales problemas ambientales y su situación futura, puede destacarse que estos no presentan en el presente ningún tipo de evolución positiva, solo en algún caso pueden presentar ciertos avances, pero en general, en ausencia de políticas ambientales comunes efectivas, y más en tiempo de crisis, hay una gran incertidumbre y, por lo general, se desconocen datos cuantitativos.

Los principales problemas medioambientales tomados en consideración en la Unión Europea son:

- Gases de efecto invernadero y cambio climático: puede presentar una evolución favorable, dado el grado de sensibilización social.
- Agotamiento capa de ozono: insuficientes avances dado que el problema no goza de ninguna sensibilización social. Ha aumentado la aplicación de cremas de protección solar pero no hay conciencia de que la exposición al sol con parte de la capa de ozono desaparecida aumenta el riesgo de cáncer de piel.
- Sustancias peligrosas: aunque cada vez se alerta del descubrimiento de sustancias peligrosas no parece que se produzcan avances significativos en la prohibición de su utilización.
- Contaminación atmosférica transfronteriza: parece que se producen avances, pero son insuficientes, aunque frente a la posible contaminación radiactiva existe una gran concienciación social.
- Estrés hídrico: existen ciertos avances aunque insuficientes. Las políticas hídricas, al menos en nuestro país, no son consensuadas, sino que cada comunidad pretende apropiarse y regular el uso hasta de los ríos que pasan por ella; menos mal que el Tribunal Constitucional ha suprimido de los Estatutos que ha revisado el apartado que atribuía esta propiedad a las comunidades autónomas.
- Degradación del suelo: aunque puede considerarse que el reciclaje ha supuesto o podrá suponer la eliminación de grandes cementerios de coches, ruedas o cualquier otro tipo de residuos, solo lo que puede ser rentable reciclar estimula la inversión privada.
- Residuos: igual que en el caso anterior. Papel, vidrio y poco más son los residuos reciclables. La generación de energía a través de biomasa no ha atraído a la inversión privada.
- Riesgos naturales y tecnológicos: pocos países realizan políticas preventivas, por lo que es de esperar que en este aspecto exista un gran grado de incertidumbre. En nuestro país, se deja construir en torrenteras o cualquier otro lugar con elevado riesgo.
- Organismos modificados genéticamente: sobre la política de la unión, aunque en este sentido es mucho menos permisiva que la estadounidense, no existen datos sobre su posible evolución.
- Biodiversidad: se pueden producir ciertos avances, al menos, en lo que a la fauna se refiere, pues existe un elevado grado de concienciación social como con el lince o el oso.

- Salud humana: realmente todo lo que afecta a la salud humana es prioritario en la Unión Europea. La esperanza de vida ha aumentado sensiblemente y se realizan actuaciones decisivas sobre epidemias y pandemias para su erradicación o control.
- Zonas urbanas: el ruido y la contaminación como resultado del transporte individual son todavía asignaturas pendientes que será necesario paliar con un buen transporte colectivo, aunque a veces, a pesar de ello, como ocurre en Madrid, se requiere un cambio de mentalización de la población.
- Zonas marinas y de litoral: algo se ha hecho, pero es de todo punto insuficiente, al menos en nuestro país, en el que se pretende atribuir a las comunidades autónomas la legislación sobre costas. Los vertidos sin depurar, la construcción de diques, dársenas, y cualquier otra obra que cambie el flujo, supone una incertidumbre sobre su futuro.
- Zonas rurales y de montaña: aunque las actuaciones han sido positivas en cuanto a tratar de que en el medio rural se contase con servicios similares a las ciudades, sigue la presión migratoria debido a la falta de empleo o medios económicas para subsistir.

III.7. Puntos que incluye la información necesaria para un proyecto

El "ciclo inicial del proyecto" corresponde a la realización de una serie de tareas previas que pudiéramos definir como fases de diseño, necesarias antes de abordar su ejecución.

- Una descripción del tipo de proyecto, y de cómo funciona y opera en un contexto técnico.
- La localización propuesta para el proyecto y el porqué de su elección.
- El período de tiempo requerido para la realización del proyecto.
- Los requisitos o resultados (alteraciones) potenciales ambientales del proyecto durante su fase operacional, que incluyen las necesidades del terreno, las emisiones de contaminantes atmosféricos, el uso del agua y los vertidos de contaminantes y la generación de residuos y las necesidades de su eliminación.
- La necesidad general identificada para el proyecto propuesto en la localización particular propuesta. Esta necesidad podría estar relacionada con la vivienda, control de la inundación, desarrollo industrial, desarrollo económico y muchos otros requisitos.

- Alternativas genéricas que hayan sido consideradas (localización, emplazamiento, tamaño del proyecto, características del diseño y medidas de control, cronograma).

Se debería delimitar claramente la necesidad del proyecto con relación al tamaño del proyecto propuesto. Se debería advertir que la variedad de alternativas consideradas puede estar limitada debido a las preferencias individuales de los patrocinadores del proyecto, principal enfoque de las soluciones técnicas tradicionales y la presión del tiempo para la toma de decisiones.

III.8. Ejercicios

1. Fija la capacidad de acogida de un parque urbano para construir una calle con circulación de vehículos que lo atraviese.
2. Fija la capacidad de acogida de un proyecto de edificio en un solar urbano.
3. Define un índice de la calidad del agua.
4. Define un índice de la calidad de vida.
5. Haz un inventario de un parque y una valoración del mismo, utilizando los tres sistemas descritos en el texto.
6. Haz un inventario valorado de una calle, incluidos edificios.
7. ¿Qué medidas adoptarías para fomentar el uso del transporte público?
8. Ordena por orden de prioridad los cinco problemas medioambientales que creas más graves en nuestro país.
9. Propón alternativas a un proyecto de construcción de una central eléctrica en un medio rural.
10. ¿Cómo defenderías un proyecto de construcción de una central nuclear?

CAPÍTULO IV: Métodos de valoración del impacto ambiental

IV.1. Evaluación del impacto medioambiental

El impacto ambiental puede definirse como la identificación y valoración de los efectos ambientales que los proyectos o acciones producen en los componentes naturales y humanos del entorno. Otra definición menos ecológica podría ser la de que impacto ambiental es la alteración que se produce sobre la salud y bienestar del hombre si se lleva a cabo un proyecto respecto a la situación que se produciría si no no se ejecuta. Esta segunda definición deja claro lo que inicialmente habíamos afirmado, el hombre es el centro sobre el que giran todos los factores del entorno.

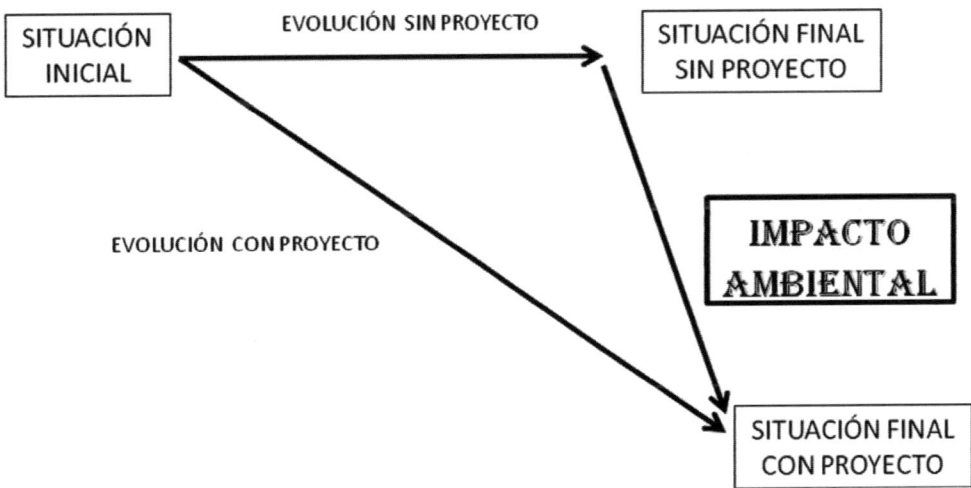

Los efectos o impactos pueden considerarse de tres categorías:

- Efectos directos son los que ocurren en el mismo sitio y al mismo tiempo que la acción.
- Efectos indirectos son los que se producen a cierta distancia de la acción, o más tarde en el tiempo.

- Efectos acumulativos, es decir, aquellos que se añaden a los de acciones pasadas, presentes o futuras razonablemente previsibles, por lo que aunque individualmente tengan poca importancia, en conjunto, se conviertan en significativos.

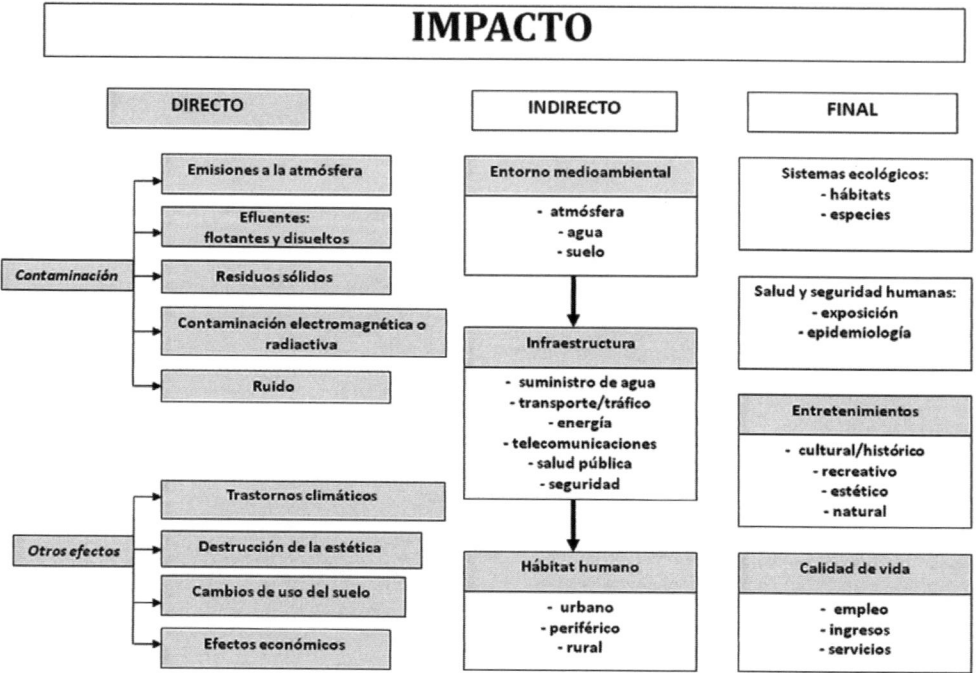

En general, para valorar un impacto como significativo, pueden considerarse tres criterios:

- El criterio legal o institucional, es decir, que esté recogido en las leyes, reglamentos o disposiciones aprobados por los organismos públicos competentes (UE, Gobierno Central, Comunidad Autónoma o Ayuntamiento).
- El criterio de reconocimiento público o social, que corresponde a asociaciones internacionales, nacionales o vecinales, aunque este criterio puede variar sensiblemente con el tiempo en función de la información de que públicamente se disponga.
- El criterio técnico basado en el juicio científico o técnico de las características de las magnitudes o atributos ambientales afectados.

IV.2. Planificación del estudio de impacto ambiental

Para la realización de un proyecto se requiere:

- Descripción del tipo de proyecto, y de cómo funciona y opera en un contexto técnico.
- Fijación de objetivos.
- Localización propuesta para el proyecto y el porqué de su elección.
- El período de tiempo requerido para la realización del proyecto.
- Los requisitos o resultados (alteraciones) potenciales ambientales del proyecto durante su fase operacional, que incluyen las necesidades del terreno, las emisiones de contaminantes atmosféricos, el uso del agua y los vertidos de contaminantes y la generación de residuos y las necesidades de su eliminación.
- La necesidad general identificada para el proyecto propuesto en la localización particular propuesta. Esta necesidad podría estar relacionada con la vivienda, control de la inundación, desarrollo industrial, desarrollo económico y muchos otros requisitos.
- Cualquiera de las alternativas que se han considerado, incluyendo la alternativa "0", es decir, sin proyecto. Toda alternativa debe incluir: información sobre su localización, tamaño del proyecto, características de diseño del proyecto y medidas de control de la contaminación, y cronograma del proyecto relativo a las cuestiones de construcción y explotación o funcionamiento. Se debería advertir que la variedad de alternativas consideradas puede estar limitada debido a las preferencias individuales de los patrocinadores del proyecto, y la presión del tiempo para toma de decisiones.

En cuanto a su planificación, podemos considerar que un estudio de impacto ambiental consta de siete fases. Las dos primeras corresponden a lo que definiríamos como pre-impacto, y la última al post-impacto.

- Fase 1: se trata de identificar las interacciones entre las acciones derivadas del proyecto y los aspectos ambientales afectados. Los efectos pueden ser positivos o negativos, temporales o permanentes, reversibles o irreversibles, los recuperables o irrecuperables.

    o Identificar los impactos potenciales:

- Fase 2: la valoración de los impactos ha de ser cuantitativa para poder establecer criterios claros de admisibilidad a través de valores límite y cuando presumiblemente se rebase este valor, será necesario adoptar las medidas protectoras o correctoras para que la acción no lo rebase o si no, sustituir la acción.

  o Definir los objetivos del estudio.
  o Determinar impactos significativos.

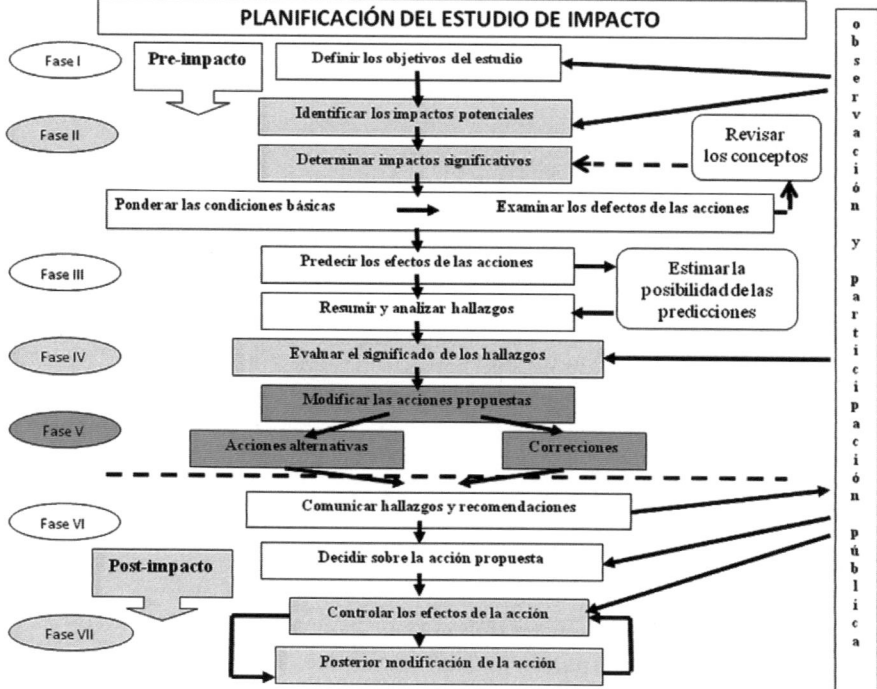

- Fase 3: se efectuará una valoración global del impacto ambiental que permita una visión general de la incidencia ambiental del proyecto.

  o Ponderar las condiciones básicas.
  o Examinar los defectos de las acciones.
  o Predecir los efectos de las acciones.
  o Resumir y analizar hallazgos.

- Fase 4: se tendrá en cuenta la tipificación legal, aunque solo sea cualitativa como impactos compatibles, moderados, severos y críticos que se prevean en la ejecución del proyecto.

o Evaluar el significado de los hallazgos.

- Fase 5: en función de la significación de los impactos se generarán alternativas o se propondrán acciones correctoras que disminuyan los efectos ambientales.

  o Modificar las acciones propuestas.
  o Acciones alternativas.
  o Correcciones.

- Fase 6: se indicarán los procedimientos propuestos y utilizados para conocer la opinión de aceptación o repulsa de la actividad, y las metodologías de cálculo utilizados para su valoración.

  o Comunicar hallazgos y recomendaciones.
  o Decidir sobre la acción propuesta.

- Fase 7: durante la ejecución, y una vez realizada la acción, se comprobará, mediante controles eficaces, que entre lo proyectado y lo ejecutado no se ha producido ninguna acción no programada y que los efectos y corrección de los mismos se han efectuado de acuerdo a las instrucciones.

  o Controlar los efectos de la acción.
  o Posterior modificación de la acción.

Toda la información obtenida durante el proceso, especialmente en las fases de "examinar defectos" y en la de "correcciones", ha de ser con retroalimentación para poder establecer un proceso de control y modificaciones correctoras en tiempo real, es decir, en el momento que se producen.

IV.3. Metodologías de Evaluación de Impacto Ambiental (EIA)

IV.3.1. Valoración de impactos

Teniendo en cuenta los criterios legislativos que figuran en la directiva europea, la valoración de impactos se puede realizar siguiendo la clasificación siguiente:

- Compatible: de rápida recuperación sin medidas correctoras.
- Moderado: la recuperación tarda cierto tiempo pero no necesita medidas correctoras o solo algunas muy simples.
- Severo: la recuperación requiere bastante tiempo y medidas correctoras más complejas.
- Crítico: supera el umbral tolerable y no es recuperable independientemente de las medidas correctoras.

A la hora de valorar la gravedad o significación de un impacto, se utilizan diversas metodologías:

- Enjuiciamiento directo.
- Aspectos cualitativos.
- Sistemas cuantitativos:
  - Parciales: aplicación de modelos, tipos.
  - Globales: modelos específicos como el Método Batelle-Columbus.

En general, la gravedad o significación viene determinada por sus características de magnitud (intensidad y extensión). Puede definirse un IT (Índice Total de Impacto) a través de la expresión:

$$[T] = [(M \times T + O) + (E \times D)] \times R \times S$$

En donde: (E) = Extensión (puntual (1), media (3), amplia (5))

(D) = Distribución (puntual (0,5), continua (1))
(O) = Oportunidad (oportunas (1), inoportunas (2))
(T) = Temporalidad (infrecuente (0,5), frecuente (1), permanente (2))
(R) = Reversibilidad (reversible (1), irreversible (2))
(S) = Signo ((+), (-))
(M) = Magnitud (baja (1), media (2), alta (3))

En función del valor de IT podríamos valorar el impacto como:

- 30-50 Crítico
- 15-30 Severo
- 5-15 Moderado
- < 5 Compatible

Existe la posibilidad de asignar a cada impacto, además de una valoración, una descripción complementaria que permita precisar más sobre su naturaleza y carácter y, como consecuencia, estimar una valoración complementaria mediante la asignación de de una tipología objetiva:

CARACTERÍSTICA	DESCRIPCIÓN DEL IMPACTO		
Presencia	notable		mínima
Carácter	(+) positivo		(-) negativo
Tipo de acción	directa		indirecta
Sinergia	simple	acumulativo	sinérgico
Temporalidad	corto plazo	medio plazo	largo plazo
Duración	temporal		permanente
Reversibilidad	reversible		irreversible
Recuperabilidad	recuperable		irrecuperable
Continuidad	continuo		discontinuo
Periodicidad	periódico		aperiódico

IV.3.2. Método Batelle-Columbus

Este método tiene en consideración cuatro grandes categorías ambientales que incluyen un total de dieciocho diferentes componentes ambientales. Estas categorías y componentes tienen asociadas las valoraciones totales que les corresponden, y que son:

- Ecología (240)
  - Especies y poblaciones (140)
  - Hábitat y comunidades (100)
  - Ecosistemas (solo descriptivo)

- Contaminación (402)
  - Agua (318)
  - Atmósfera (52)
  - Suelo (28)
  - Ruido (4)

- Aspectos (153)
  - Suelo (32)
  - Aire (5)
  - Agua (52)
  - Biótico (24)
  - Objetos artesanales (10)
  - Composición (30)

- Aspectos de interés humano (205)
  - Valores educacionales y científicos (48)
  - Valores históricos (55)
  - Culturas (28)
  - Sensaciones (37)
  - Estilos de vida (37)

Cada uno de los componentes ambientales tiene un serie de valores de ponderación con un valor determinado, salvo los ecosistemas, que solo admiten descripción (Anexo III). Para la valoración de cada uno de ellos se utiliza un indicador cuyo valor de calidad varía entre 0 y 1, siendo la función de dependencia proporcional creciente, proporcional decreciente, exponencial decreciente, etc. El valor del impacto se obtiene efectuando la suma total del valor del impacto sobre cada componente afectado, obtenido multiplicando el valor de calidad de cada componente por su factor de ponderación total. La diferencia entre el valor del impacto ambiental con proyecto y sin proyecto, corresponde al valor del impacto ambiental del proyecto:

$$\sum_{i=0}^{n} IA_i (\text{debido al Proyecto}) = \sum_{i=0}^{n} IA_i (\text{con Proyecto}) - \sum_{i=0}^{n} IA_i (\text{sin Proyecto})$$

Generalmente, el resultado final se expresa en una tabla. Lo que se pretende recoger con esta tabla es una justificación cuantitativa del proyecto, es decir, justificar la ejecución de un proyecto como mejora en algún aspecto significativo. Aunque el proyecto sea ambientalmente incorrecto en cuanto a disminución de flora o fauna, está justificado por la creación de empleo o mejora de la calidad de vida, es decir, un proyecto es ambientalmente correcto no porque sea ecológicamente correcto, sino porque puede ser socioeconómicamente indispensable.

IV.3.3. Métodos basados en matrices

IV.3.3.1. Matrices simples. Matriz interactiva de Leopold

La matriz de Leopold no es un método de evaluación ambiental, sino más bien el establecimiento de una serie de relaciones causa-efecto que, además, puede utilizarse como un método resumido para la expresión y comunicación de resultados cuantitativos.

La matriz recoge una lista de cien acciones (Anexo I), y noventa elementos ambientales (Anexo II).

- Sobre cada columna se sitúan las acciones o actuaciones propuestas, agrupadas por el apartado a que pertenecen.
- Sobre cada fila se sitúan los elementos o características ambientales también agrupados por el apartado del inventario a que pertenecen.
- Cuando se prevé un impacto, la matriz debe aparecer marcada con una línea diagonal en la casilla correspondiente a esa interacción.
- Hay que evaluar cada magnitud, asignándole un número entre 1 y 10 en función de la interacción posible con el impacto previsto.
- Igualmente, se valora de 1 a 10 la importancia en función de las consecuencias previsibles del impacto desde pequeña o escasa, a muy importante.
- Pueden indicarse la distinción entre impactos beneficiosos y perjudiciales con un único símbolo: el + para los beneficiosos y el – para los perjudiciales.
- Una vez asignados valores se suman la magnitud e importancia por cada línea y columna, dando un resultado numérico total para cada acción y cada elemento ambiental, que pueden luego sumarse por el apartado a que pertenecen, obteniendo así un único número de magnitud e impacto.

La ventaja de este sistema es que la matriz puede estirarse o encogerse en función de los elementos y acciones que pueden irse agregando a los mencionados inicialmente. Lo mejor consiste en emplear una matriz reducida que solo recoja los impactos directos que se considere que pueden producirse, para ampliar luego a aquellos impactos indirectos que puedan estimarse. Es conveniente realizar una matriz para evaluar el proceso de ejecución, y otra para evaluar los impactos producidos una vez ejecutado.

Como ejemplo de aplicación de la matriz de Leopold o matriz causa-efecto, consideremos una cantera o gravera para extracción de materiales de construcción.

Las **acciones o causas** que pueden generar efectos son:

1. Operaciones iniciales de construcción de infraestructuras:
   a. Edificio oficinas y plantas de tratamiento.
   b. Desagües y drenajes.
2. Proceso de explotación:
   a. Arranque de material.
   b. Procesos de vertido y transporte.
   c. Procesos de clasificación de tratamiento.
3. Creación de escombreras.
   a. Implantación.
   b. Acción sobre red de drenajes.

Los **elementos ambientales o efectos** sobre los que actúan:

1. Impacto sobre medio inerte:
   a. Tierra:
      i. Suelo.
      ii. Morfología.
   b. Agua:
      i. Superficiales.
      ii. Subterráneas.
      iii. Calidad.
   c. Aire:
      i. Composición (partículas).
      ii. Ruidos.
   d. Procesos:
      i. Erosión.
      ii. Inundación.
      iii. Sedimentación.
      iv. Inestabilidad.
      v. Disolución.
      vi. Compactación y asientos.

2. Impacto sobre medio biótico:
    a. Flora:
        i.   Árboles.
        ii. Vegetación (arbustos y herbáceos).
        iii. Microflora.
    b. Fauna:
        i.   Aves.
        ii. Animales terrestres.
        iii. Microfauna.

3. Impactos socioeconómicos:
    a. Cultivos.
    b. Paisajes.
    c. Empleo.
    d. Usos de suelo (turismo).

El ejemplo está simplificado, pues solo se trata de aprender el diseño de matrices. En realidad deberían de haberse hecho tres matrices distintas una para cada fase:

- Fase de proyecto y ejecución.
- Fase de explotación.
- Fase de abandono y restauración.

La matriz de correlación acciones-impactos (causa-efecto):

	1.a	1.b	2.a	2.b	2.c	3.a	3.b		Evaluación	
1.a.i	-8 / 3	-2 / 2	-10 / 8	-8 / 7	-9 / 5	-10 / 6			-47 / 34	-70
1.a.ii	-2 / 2	-1 / 5	-10 / 10			-10 / 8			-23 / 25	59
1.b.i	-2 / 7	-1 / 2	-5 / 9		-10 / 10	-8 / 9	+10 / 10		-16 / 47	-29
1.b.ii			-5 / 6		-8 / 9		+8 / 10		-5 / 25	
1.b.iii					-10 / 10		+2 / 10		-8 / 20	92
1.c.i			-3 / 4	-5 / 9					-8 / 13	-23
1.c.ii			-5 / 4	-8 / 8	-2 / 5				-15 / 17	27
1.d.i			-6 / 5			-7 / 5	+4 / 7		-9 / 17	-41
1.d.ii			-5 / 7			-5 / 6	+2 / 8		-8 / 21	
1.d.iii						-5 / 5			-5 / 5	
1.d.iv						-2 / 1			-2 / 1	
1.d.v						-7 / 9			-7 / 9	
1.d.vi				-10 / 10					-10 / 10	63
2.a.i	-5 / 10	-1 / 2	-10 / 10		-3 / 5	-10 / 7			-19 / 34	-46
2.a.ii	-8 / 8		-8 / 10		-3 / 5	-4 / 7	+1 / 5		-22 / 35	
2.a.iii					-5 / 5				-5 / 5	74
2.b.i				-2 / 1	-2 / 2				-4 / 3	-22
2.b.ii			-5 / 7	-3 / 4	-3 / 5	-4 / 4	+2 / 6		-13 / 26	
2.b.iii					-5 / 5				-5 / 5	34
3.a						-3 / 8	+8 / 9		+5 / 17	-52
3.b	-10 / 8		-10 / 10		-5 / 8	-10 / 10			-35 / 35	
3.c	+5 / 10		-10 / 10	-10 / 10		-2 / 10			-22 / 40	
3.d			-5 / 10			-5 / 10			-10 / 20	113
Evaluación	-30 / 46	-7 / 11	-97 / 110	-46 / 49	-65 / 74	-92 / 105	+37 / 65			

En la fase de proyecto, lo más importante es la obtención de un listado de los impactos más significativos, ordenados de mayor a menor a través de una valoración cuantitativa. De esta lista se comprobará que ninguno de ellos rebasa el valor límite admisible. Si alguno de ellos lo rebasa, deberá sustituirse la acción en que se produce por una acción alternativa o al menos por una acción correctora que minimice sus efectos. Es necesario recoger en el proyecto las alternativas rechazadas y los criterios utilizados para ello, así como las acciones correctoras a las que han dado lugar.

En la ejecución, deberá comprobarse que no se producen desviaciones de las acciones previstas.

En la fase de abandono y restauración han de comprobarse mediante controles establecidos a tal efecto, que una vez finalizado el proyecto, las medidas de restauración indicadas se han ejecutado y han dado los resultados esperados en la minimización del impacto generado por el proyecto. En todos los casos, las medidas correctoras o de restauración han de recogerse en la propia matriz de impacto, con su valor positivo, y conseguir así determinar la valoración cuantitativa de las acciones defectuosas o mal ejecutadas.

IV.3.3.2. Matriz en etapas o matriz de impactos cruzados

En esta matriz, los factores ambientales se encuentran enfrentados a otros factores ambientales. La acción 3 produce un impacto sobre el factor D; a su vez, las alteraciones inducidas por el factor D provocan cambios en los factores A y F. En último lugar, las alteraciones inducidas en el factor A provocan cambios en los factores B e I, mientras que los cambios del factor F provocan cambios en el factor H.

Estas matrices facilitan datos sobre interacciones, por lo que en realidad constituyen un método intermedio en el método de las matrices simples y el de diagramas de redes.

Sirven esencialmente para analizar factores secundarios y terciarios que derivan de las acciones del proyecto.

Son un método intermedio entre las matrices simples y los diagramas de redes.

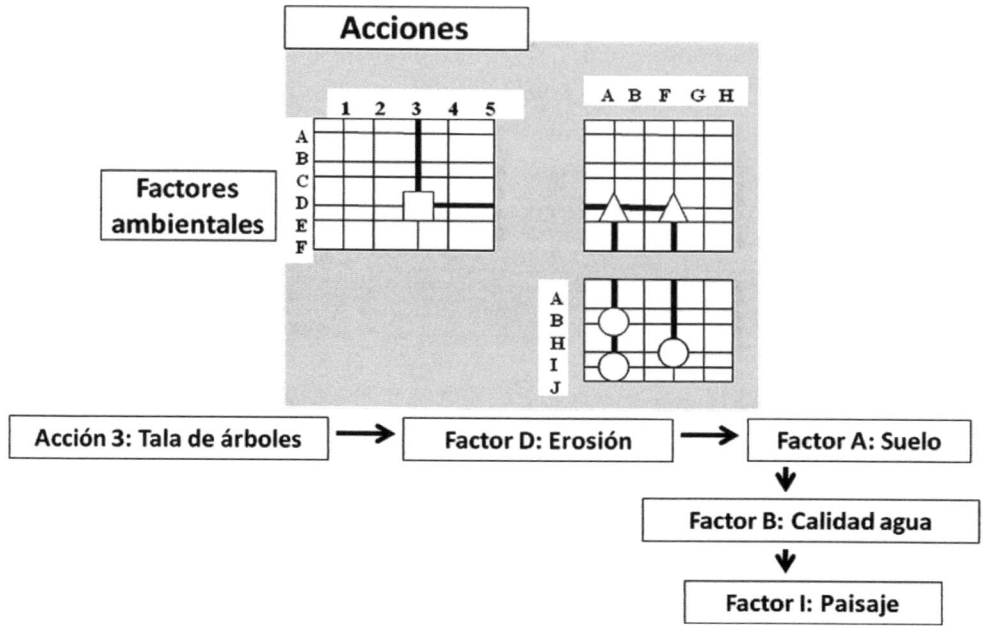

IV.3.3.3. Observaciones sobre las matrices

- Es muy importante definir cada factor de impacto ambiental, sus límites espaciales, las fases temporales y las acciones específicas asociadas al proyecto, y la puntuación de los impactos.
- Una matriz debe ser considerada como un instrumento de análisis que permite argumentar la puntuación asignada a los impactos.
- El desarrollo de una o más matrices preliminares suele ser una técnica útil para discutir una acción propuesta y sus posibles impactos ambientales.
- La valoración de los impactos debe considerarse cuidadosamente.
- Las matrices de interacción pueden ser útiles para definir los impactos de las distintas fases.
- Si las matrices de interacción se usan para comparar distintas alternativas, es necesario utilizar los mismos referentes básicos para cada alternativa que se utilice.
- La cuantificación del impacto y las comparaciones pueden proporcionar una valiosa base para la asignación de puntuaciones de impactos de las diferentes acciones de proyecto y los factores ambientales.
- Pueden utilizarse diferentes colores para comunicar información sobre los impactos previstos. El verde podría corresponder a impactos positivos, usando distintas tonalidades para los diferentes valores, y el

rojo para los impactos negativos, utilizando también distintos tonos en función de su valor.

- Uno de los inconvenientes de las matrices de interacciones es que las acciones de proyecto y los factores ambientales aparecen divididos artificialmente.
- El desarrollo de una matriz de interacción preliminar no significa que debe incluirse en la evaluación ambiental subsiguiente, sino que puede considerarse solo como un instrumento de trabajo.
- Puede utilizarse una matriz simple de interacciones para ponderar la importancia de factores ambientales y acciones de proyecto mediante la utilización de índices compuestos, sumando los productos de los pesos de la importancia por las puntuaciones de los impactos.
- Las matrices de interacciones evita que se dirija la atención a una sola acción o a un solo factor ambiental.

IV.3.4. Métodos de diagramas de redes

IV.3.4.1. Introducción

Los "diagramas de redes" son aquellos métodos que integran las causas de los impactos y sus consecuencias a través del establecimiento de interrelaciones entre acciones causales y factores ambientales que reciben el impacto.

IV.3.4.2. Ejecución

La acción inicial se sitúa a la izquierda, mientras que las demás acciones causales y los factores que reciben los impactos aparecen en las distintas fases del diagrama.

En ocasiones, se pueden hacer en forma de árbol de impactos.

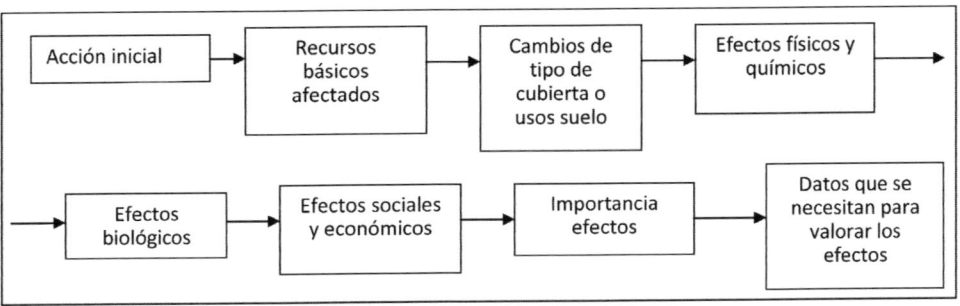

Ejemplo de un proyecto de embalse:

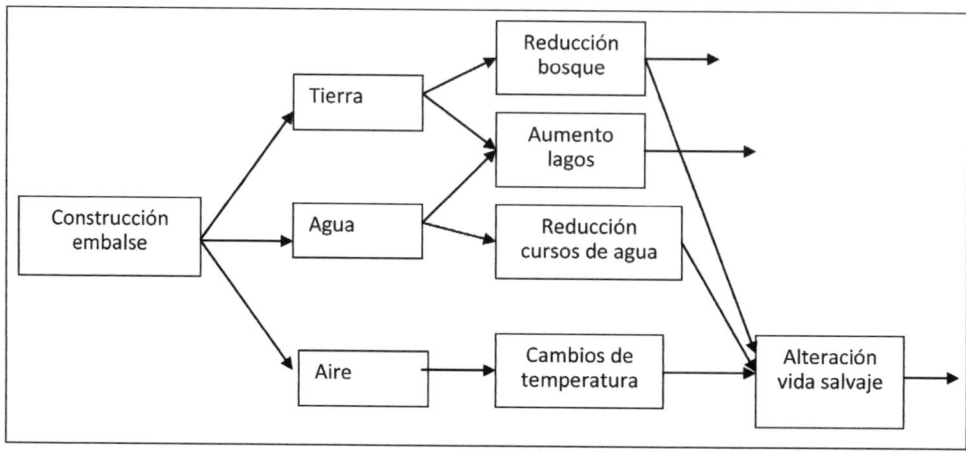

IV.3.4.3. Utilidades de los diagramas de redes

- Los diagramas son muy útiles para identificar los impactos previstos asociados a posibles proyectos.
- Su presentación es muy simple, por lo que sirve especialmente para comunicarse con personas, asociaciones o entidades que no son muy técnicas.
- Su limitación principal es que es un método poco técnico, por lo que proporciona poca información sobre la evaluación y comparación de impactos.
- En ocasiones las interacciones puestas de manifiesto pueden volverse muy complejas

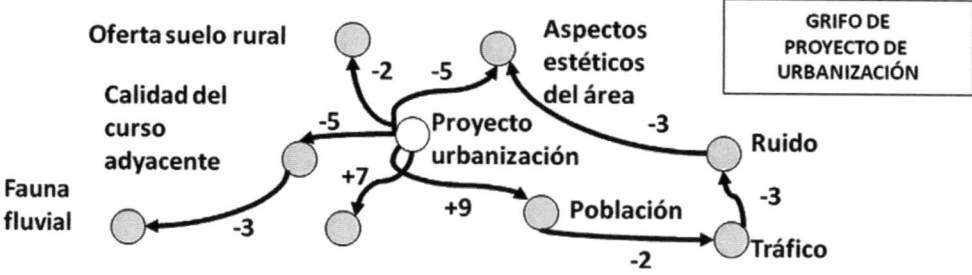

- Para mejorar la representación, puede acudirse a los gráficos directos o "dígrafos", que corresponden a desarrollos lineales de los diagramas. Especialmente, los "dígrafos" pueden establecer relaciones numéricas, y, sobre todo, son útiles para representar relaciones entre los sistemas biofísicos y socioeconómicos.

IV.3.5. Métodos de listas de control

IV.3.5.1. Introducción

Los métodos de listas de control son muy variables pudiendo ser un listado único de factores ambientales hasta sistemas muy elaborados que incluyen la ponderación de importancias para cada factor ambiental y la aplicación de técnicas de escala para los impactos de alternativa de cada factor. Sirven para conocer de antemano las acciones, los factores y los impactos más usuales, pero tienen el inconveniente de que algún impacto específico no quede reflejado.

IV.3.5.2. Listas de control simples

Son listas de factores ambientales que pueden ser estudiados. No proporcionan información sobre los datos específicos que se requieren, los métodos de estimación o predicción y evaluación de impactos.

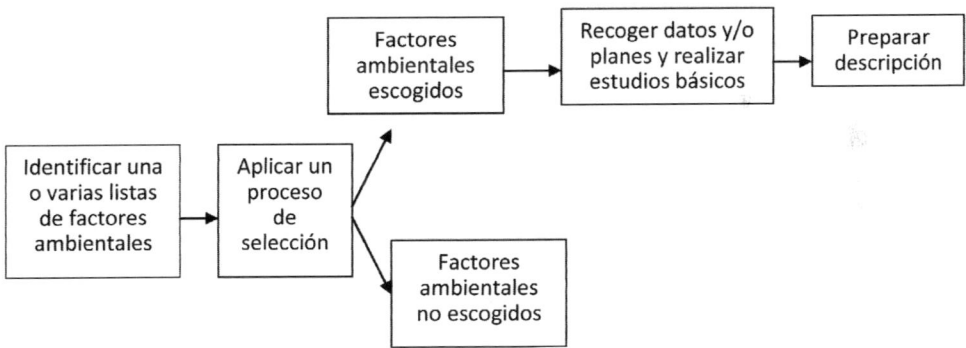

IV.3.5.3. Listas de control descriptivas

Son listas que se refieren a métodos que, aparte de factores ambientales, incluyen información para realizar la estimación, predicción y evaluación de impactos.

IV.3.6. Listas de chequeo

Corresponden a un listado de preguntas que hacerse antes de identificar los factores ambientales que tener en cuenta para la valoración del impacto ambiental, es decir, características del proyecto que han de tenerse en cuenta.

Por ejemplo, en el caso de un tendido eléctrico:

- ¿El trazado atraviesa asentamientos humanos?
- ¿El proyecto atraviesa fuentes o cursos de aguas superficiales?
- ¿El proyecto atraviesa áreas con restos arqueológicos?
- ¿Se cruzarán lugares de alta densidad de población?
- ¿El trazado pasa cerca de hospitales, centros educativos u otros lugares sensibles o de especial cuidado?
- ¿Las redes cruzan zonas de importancia cultural?
- ¿Las redes pasan por calles de tierra?
- ¿Las redes cruzan zonas con alta vulnerabilidad sísmica?
- ¿Las redes cruzan terrenos agrícolas?
- ¿Las redes cruzan canales de riego?
- ¿Se afectarán humedales?
- ¿Las redes cruzarán vertederos de basura o rellenos sanitarios?
- ¿Las redes cruzarán parques u otras áreas recreativas?
- ¿Existen tramos en que las redes no puedan enterrarse?
- ¿Las redes atraviesan zonas propensas a inundaciones, deslizamientos, u otros fenómenos naturales?
- ¿Es posible encontrar aguas subterráneas?
- ¿Se deberán talar árboles grandes?
- ¿La excavación puede afectar las raíces de árboles cercanos?
- ¿Se utilizará cemento y aditivos?
- ¿Será necesario usar explosivos?
- ¿Se usará agua para controlar el polvo?

UTILIDAD DE APLICACIÓN DE LAS METODOLOGÍAS		
TAREA DEL PROCESO	METODOLOGÍAS	UTILIDAD RELATIVA
Identificación impactos	Matrices simples	Alta
	Diagramas de redes	Alta
	Matrices en etapas	Media
	Listas de control simples	Media
	Listas de control descriptivo	Media
Descripción del medio afectado	Matrices simples	Baja
	Listas de control simples	Alta
Predicción y evaluación de impactos	Matrices simples	Media
	Matrices en etapas	Media
	Diagramas de redes	Media
	Listas de control descriptivas	Alta
Selección de la actuación	Matrices simples	Media
	Matrices en etapas	Baja
	Listas de control con escalas	Media
Resumen y comunicación de estudio	Matrices simples	Alta
	Matrices en etapas	Baja
	Listas de control simples	Media

IV.4. Ejercicios

1. Pon diez ejemplos de impactos ambientales temporales y otros diez de impactos continuos.
2. Pon diez ejemplos de impactos directos y otros diez de impactos indirectos.
3. Pon diez ejemplos de impactos reversibles y otros diez de impactos irreversibles, entendiendo que reversible quiere decir que el medio natural es capaz de recuperarse por sí mismo.
4. Pon diez ejemplos de impactos recuperables y otros diez de impactos irrecuperables, entendiendo que impactos recuperables son aquellos que requieren la adopción de acciones concretas para que se produzca su recuperación.
5. Redacta una lista de chequeo para un proyecto de ferrocarril.
6. Tomando como base esa lista, identifica factores ambientales que pueden verse afectados por la ejecución del proyecto, indicando los motivos para su elección.
7. Indica las acciones que debe recoger el proyecto de ferrocarril y su ejecución.

8. Construye una matriz de Leopold con las acciones (causas), y factores (efectos) que hayas considerado, valorándola.
9. De la matriz anterior, establece los impactos más significativos ordenándolos cuantitativamente de mayor a menor.
10. Aplicando el método Batelle-Columbus, ¿cómo podría expresarse cuantitativamente la matriz final de valoración?

Anexo I: Lista de acciones

A. MODIFICACIÓN DEL RÉGIMEN:

1. Introducción de flora y fauna exótica.
2. Controles biológicos.
3. Modificación del hábitat.
4. Alteración de la cubierta terrestre.
5. Alteración de la hidrología.
6. Alteración del drenaje.
7. Control del río y modificación del flujo.
8. Canalización.
9. Riego.
10. Modificación del clima.
11. Incendios.
12. Superficie o pavimento.
13. Ruido/vibraciones.

B. TRANSFORMACIÓN DEL TERRITORIO Y CONSTRUCCIÓN:

14. Urbanización.
15. Emplazamientos industriales y edificio.
16. Aeropuertos.
17. Autopistas y puentes.
18. Carreteras y caminos.
19. Vías férreas.
20. Cables y elevadores.
21. Líneas de transmisión, oleoductos y corredores.
22. Barreras incluyendo vallados.
23. Dragados y alineado de canales.
24. Revestimiento de canales.

25. Canales.
26. Presas y embalses.
27. Escolleras, diques, puertos y terminales marítimas.
28. Estructuras en alta mar.
29. Estructuras recreacionales.
30. Voladuras y perforaciones.
31. Desmontes y rellenos.
32. Túneles y estructuras subterráneas.

C. EXTRACCIÓN DE RECURSOS:

33. Voladuras y perforaciones.
34. Excavaciones superficiales.
35. Excavaciones subterráneas.
36 Perforación de pozos y transporte de fluidos.
37. Dragados.
38. Explotación forestal.
39. Pesca comercial y caza.

D. PROCESOS:

40 Agricultura.
41. Ganaderías y pastoreo.
42. Piensos.
43. Industrias lácteas.
44. Generación energía eléctrica.
45. Minería.
46. Metalurgia.
47. Industria química.
48. Industria textil.
49. Automóviles y aeroplanos.
50. Refinerías de petróleo.
51. Alimentación.
52. Herrerías.
53. Madera.
54. Celulosa y papel.
55. Almacenamiento de productos.

E. ALTERACIONES DEL TERRENO:

56. Control de la erosión, cultivo en terrazas o bancales.
57. Sellado de minas y control de residuos.
58. Rehabilitación de minas a cielo abierto.
59. Paisaje.
60. Dragado de puertos.
61. Aterramientos y drenajes.

F. RECURSOS RENOVABLES:

62. Repoblación forestal.
63. Gestión y control vida natural.
64. Recarga aguas subterráneas.
65. Fertilización.
66. Reciclado de residuos.

G. CAMBIOS EN TRÁFICO:

67. Ferrocarril.
68. Automóvil.
69. Camiones.
70. Barcos.
71. Aviones.
72. Tráfico fluvial.
73. Deportes náuticos.
74. Caminos.
75. Telesillas, telecabinas, etc.
76. Comunicaciones.
77. Oleoductos.

H. SITUACIÓN Y TRATAMIENTO DE RESIDUOS:

78. Vertidos en mar abierto.
79. Vertedero.
80. Emplazamiento de residuos mineros.
81. Almacenamiento subterráneo.
82. Disposición de chatarra.
83. Derrames en pozos de petróleo.

85. Disposición en pozos profundos.
85. Vertido de aguas de refrigeración.
86. Vertido de residuos urbanos.
87. Vertido de efluentes líquidos.
88. Balsas de estabilización y oxidación.
89. Tanques y fosas sépticas, comerciales y domésticas.
90. Emisión de corrientes residuales a la atmósfera.
91. Lubricantes o aceites usados.

I.TRATAMIENTO QUÍMICO:

92. Fertilización.
93. Descongelación química de autopistas, etc.
94. Estabilización química del suelo.
95. Control de maleza y vegetación terrestre.
96. Pesticidas.

J. ACCIDENTES:

97. Explosiones.
98. Escapes y fugas.
99. Fallos de funcionamiento.

K. OTROS:

100. ...

Anexo II: Lista de elementos ambientales

A. CARACTERÍSTICAS FÍSICAS Y QUÍMICAS:

A.1. TIERRA.
   1. Recursos minerales.
   2. Material de construcción.
   3. Suelos.
   4. Geomorfología.
   5. Campos magnéticos y radiactividad de fondo.
   6. Factores físicos singulares.

A.2. AGUA.
   7. Superficiales.
   8. Marinas.
   9. Subterráneas.
   10. Calidad.
   11. Temperatura.
   12. Recarga.
   13. Nieve, hielos y heladas.
A.3. ATMÓSFERA.
   14. Calidad (gases, partículas).
   15. Clima (micro, macro).
   16. Temperatura.
A.4. PROCESOS.
   17. Inundaciones.
   18. Erosión.
   19. Deposición (sedimentación y precipitación).
   20. Solución.
   21. Adsorción (intercambio de iones complejos).
   22. Compactación y asientos.
   23. Estabilidad.
   24. Sismología (terremotos).
   25. Movimientos de aire.

B. CONDICIONES BIOLÓGICAS:

B.1. FLORA.
   26. Árboles.
   27. Arbustos.
   28. Hierbas.
   29. Cosechas.
   30. Microflora.
   31. Plantas acuáticas.
   32. Especies en peligro.
   33. Barreras, obstáculos.
   34. Corredores.
B.2. FAUNA.
   35. Aves.
   36. Animales terrestres, incluso reptiles.
   37. Peces y mariscos.

38. Organismos bentónicos.
39. Insectos.
40. Microfauna.
41. Especies en peligro.
42. Barreras.
43. Corredores.

C. FACTORES CULTURALES:

C.1. USOS DEL TERRITORIO.
44. Espacios abiertos y salvajes.
45. Zonas húmedas.
46. Selvicultura.
47. Pastos.
48. Agricultura.
49. Zona residencial.
50. Zona comercial.
51. Zona industrial.
52. Minas y canteras.

C.2. RECREATIVOS.
53. Caza.
54. Pesca.
55. Navegación.
56. Zona de baño.
57. *Camping.*
58. Excursión.
59. Zonas de recreo.

C.3. ESTÉTICOS Y DE INTERÉS HUMANO.
60. Vistas panorámicas y paisajes.
61. Naturaleza.
62. Espacios abiertos.
63. Paisajes.
64. Agentes físicos singulares.
65. Parques y reservas.
66. Monumentos.
67. Especies o ecosistemas especiales.
68. Lugares u objetos históricos o arqueológicos.
69. Desarmonías.

C.4. NIVEL CULTURAL.
  70. Modelos culturales (estilos de vida).
  71. Salud y seguridad.
  72. Empleo.
  73. Densidad de población.
C.5. SERVICIOS E INFRAESTRUCTURA.
  74. Estructuras.
  75. Red de transportes (movimiento, accesos).
  76. Red de servicios.
  77. Disposición de residuos.
  78. Barreras.
  79. Corredores.

D. RELACIONES ECOLÓGICAS:

  80. Salinización de recursos hidráulicos.
  81. Eutrofización.
  82. Vectores, insectos y enfermedades.
  83. Cadenas alimentarias.
  84. Salinización de suelos.
  85. Invasión de maleza.
  86. Otros.

E. OTROS:

  87. …

Anexo III: Sistema de evaluación ambiental Batelle-Columbus

ECOLOGÍA (240)

Especies y poblaciones (140):

Terrestres
  (14) Pastizales y praderas
  (14) Cosechas
  (14) Vegetación natural
  (14) Especies dañinas

(14) Aves de caza continentales

Acuáticas
(14) Pesquerías comerciales
(14) Vegetación natural
(14) Especies dañinas
(14) Pesca deportiva
(14) Aves acuáticas

Hábitat y comunidades (100):

Terrestres
(12) Cadenas alimentarias
(12) Uso del suelo
(12) Especies raras y en peligro
(14) Diversidad de especies

Acuáticas
(12) Cadenas alimentarias
(12) Especies raras y en peligro
(12) Características fluviales
(14) Diversidad de especies

Ecosistemas: solo descriptivo

CONTAMINACIÓN (402)

Contaminación del agua (318):

(20) Pérdidas en las cuencas hidrográficas
(25) DBO
(18) Coliformes fecales
(22) Carbón inorgánico
(25) Nitrógeno inorgánico
(28) Fosfato inorgánico
(16) Pesticidas
(18) pH
(28) Variaciones en el flujo de la corriente
(28) Temperatura

(25) Sólidos disueltos totales
(14) Sustancias tóxicas
(20) Turbidez

Contaminación atmosférica (52):

(05) Monóxido de carbono
(05) Hidrocarburos
(10) Óxidos de nitrógeno
(12) Partículas sólidas
(05) Oxidantes fotoquímicos
(10) Óxidos de azufre
(05) Otros

Contaminación del suelo (28):

(14) Uso del suelo
(14) Erosión

Contaminación por ruido

(04) Ruido

ASPECTOS (153):

Suelo (32)

(06) Material geológico superficial
(16) Relieve y caracteres topográficos
(10) Extensión y alineación topográficos

Aire (5)

(03) Olor y visibilidad
(02) Sonidos

Agua (52)

(10) Presencia de agua

(16) Interfase agua-tierra
(06) Olor y materiales flotantes
(10) Área de superficie de agua
(10) Márgenes

Biótico (24)

(05) Animales domésticos
(05) Animales salvajes
(09) Diversidad de tipos de vegetación
(05) Variedad dentro de los tipos de vegetación

Objetos artesanales (10)

(10) Objetos artesanales

Composición (30)

(15) Efectos de composición
(15) Elementos singulares

ASPECTOS DE INTERÉS (205):

Valores educacionales y científicos (48)

(13) Arqueológico
(13) Ecológico
(11) Goelógico
(11) Hidrológico

Valores históricos (55)

(11) Arquitectura y estilos
(11) Acontecimientos
(11) Personajes
(11) Religiosos y culturales
(11) Fronteras del oeste

Culturas (28)

(14) Indios
(07) Grupos étnicos
(07) Grupos religiosos

Sensaciones (37)

(11) Admiración
(11) Aislamiento, soledad
(04) Misterio
(11) Integración con la naturaleza

Estilos de vida (37)

(13) Oportunidades de empleo
(13) Vivienda
(11) Interacciones sociales

Anexo 4: Fases, funciones y técnicas de la EIA

FASES	FUNCIONES	TÉCNICAS	OBSERVACIONES
1. Definición del entorno.	Delimitar ámbito.	Evaluación de la capacidad de acogida. Para obras lineales, determinación del camino de mínimo impacto.	En la mayoría de las ocasiones es difícil definirlo con precisión en esta fase.
2. Diagnóstico de la evolución del medio sin proyecto (Alternativa 0).	Valoración de la fragilidad del medio y su evolución, en función de sus aspectos evaluables.	Modelos de simulación. Extrapolación de valores de indicadores. Encuestas.	No es indispensable aunque sí conveniente hacer esta evaluación previa.

3. Análisis del proyecto y sus alternativas.	Fijación de objetivos. Estudios de viabilidad. Programa de ejecución. Estudio de alternativas.		Evaluación de las fases de ejecución, explotación y abandono.
4. Identificación de elementos y acciones susceptibles de producir impacto y medidas correctoras.	Cuantificación de magnitudes e importancia de impactos. Medidas correctoras potenciales.	Listas de chequeo. Matrices causa-efecto. Consulta a expertos.	Pueden considerarse posibles avances tecnológicos razonablemente previsibles.
5. Identificación de elementos susceptibles de recibir impacto.	Modificación de valores de las variables medioambientales.	Cuestionarios Matrices. Listas.	Pueden adoptarse indicadores para medir salud, productividad, etc.
6. Identificación de relaciones causa-efecto.	Predecir interacciones proyecto-entorno. Evaluación cualitativa de los efectos.	Cuestionarios. Matrices. Grafos. Matrices sucesivas. Simulación cualitativa.	Se puede elegir la más adecuada en función del tipo de proyecto.
7. Predicción de la magnitud del impacto.	Medir cuantitativa o cualitativamente los efectos sobre: -Factores del medio. -Factores económicos y sociales. -Salud y bienestar. Distribución de impactos en espacio y tiempo. Persistencia o reversibilidad. Impacto total sobre cada factor.	Indicadores de cambio en los ecosistemas. Modelos de calidad de vida mediante indicadores. Técnicas experimentales de simulación. Consultas.	Analizar métodos de prevención de alteraciones de cada factor.

8. Transformación de la magnitud de los indicadores en unidades comparables de calidad ambiental.	Establecer la relación entre la magnitud de los indicadores y la calidad ambiental.	Funciones de transformación.	Las funciones pueden ser verdaderas funciones matemáticas o simples tablas que relacionan magnitud de impacto-valor ambiental.
9. Ponderación de indicadores ambientales.	Establecer importancia relativa de cada indicador.	Consulta a expertos. Participación pública.	
10. Evaluación final del impacto.	Establecer el valor final del impacto. Destacar impactos "significativos".	Suma ponderada de impactos parciales.	-Valoración sin proyecto. -Valoración con proyecto. -Valoración impacto neto.
11. Programa de seguimiento y control.	Establecer programa de seguimiento en la ejecución y evaluación final del mismo.	-Banderas rojas. -Señales de alerta. -Técnicas correctoras…	

CAPÍTULO V: Aplicación a la Ingeniería Civil

V.1. Introducción

La Ley 6/2010, de 24 de marzo, modificación del texto refundido de la Ley de Evaluación de Impacto Ambiental de proyectos aprobado por el Real Decreto 1/2008, de 11 de enero, especifica las fases que han de seguirse para la realización de un proyecto de obra civil, y a la vez los responsables de cada una de ellas. Estas fases son tres:

- **Fase 1**: Determinación del alcance del estudio de impacto ambiental.
- **Fase 2**: Estudio del impacto ambiental, información pública y consultas.
- **Fase 3**: Declaración de impacto ambiental.

La metodología general aplicable al estudio de impacto ambiental parte de los objetivos y justificación del proyecto procediendo a generar las distintas alternativas a partir de los principales condicionantes ambientales existentes en la zona de intervención.

Una vez definido el ámbito de referencia que servirá para la valoración de los distintos aspectos del medio susceptibles de ser afectados por el proyecto, se procederá a incorporar la descripción y características del proyecto con sus correspondientes alternativas.

Simultáneamente, se procederá a la realización del inventario del entorno, incorporando tanto la descripción como la valoración de los distintos factores ambientales del medio físico y socioeconómico.

Posteriormente y a partir de la distinción dentro del proyecto de las acciones causantes de impacto y del entorno afectado por la actuación proyectada se procederá a la identificación de los impactos potenciales susceptibles de afectar al medio como consecuencia de la actuación proyectada.

Una vez identificados los impactos ambientales derivados del proyecto, se procederá a su caracterización y valoración por alternativas, comparando la afección global de cada una de ellas y ordenándolas de acuerdo a su idoneidad ambiental.

Seguidamente, se procederá a la propuesta de medidas protectoras, correctoras o compensatorias susceptibles de minimizar las afecciones potenciales identificadas, caracterizadas y valoradas con anterioridad a fin de minimizar los aspectos negativos derivados de las distintas alternativas estudiadas.

Una vez evaluada la atenuación de los impactos para las distintas alternativas se procederá a la identificación de los impactos residuales, lo cual permitirá comparar el efecto ambiental de las distintas alternativas con el consiguiente análisis de preferencia ambiental de las mismas.

Metodológicamente el siguiente paso será la aplicación del Programa de Vigilancia Ambiental o de seguimiento de los potenciales impactos identificados y las medidas de adecuación ambiental propuestas, para acabar con un documento de síntesis que permitirá una rápida y fácil comprensión de la actuación proyectada, los impactos derivados de la misma y alternativas, y las medidas protectoras, correctoras y compensatorias susceptibles de minimizar los impactos.

V.2. Obras lineales (transportes)

Definida la necesidad de proyectar y ejecutar una obra lineal, lo primero que debe definirse deben ser los criterios para la selección de indicadores y los métodos de evaluación. La Comisión Europea ha propuesto cinco criterios básicos de selección, que son:

- Importancia: que recoge si el indicador es adecuado, si puede proporcionar avisos preventivos, si corresponde a una medida válida de los objetivos propuestos y si permite evaluar los efectos a medio y largo plazo.
- Carácter integrado: si el conjunto de los indicadores abarca todos los posibles efectos medioambientales y si existe relación entre ellos.
- Simplicidad y aplicabilidad: si es posible valorar el indicador e incluso extrapolar esta valoración hacia el futuro por procedimientos simples.

- Validez científica: si es eficaz, preciso, es decir, sin errores de cálculo apreciables, y aceptable.
- Transferibilidad: si es posible utilizar el mismo indicador en diversos tiempos y lugares.

Unidos a estos criterios generales, hay otros ligados a los proyectos concretos que evaluar, y que corresponden a:

- La existencia de normativa europea.
- Relevancia para el sector objeto del plan.
- Vinculación con el medioambiente.
- Utilidad para tomar decisiones.

La presión sobre el medioambiente que ejercen los transportes correspondería, por un lado, a las propias infraestructuras y, por otro, al tráfico. Los defectos debidos a las infraestructuras son:

- Ocupación del suelo.
- Fragmentación.
- Molestias visuales.
- Consumo de materiales y energía.

Los debidos al tráfico:

- Ruido.
- Contaminación ambiental.
- Riesgo de accidentes.
- Consumo de materiales y energía.

Con base en los criterios citados se han considerado dieciséis efectos/áreas de impacto prioritarias:

- Ocupación del suelo.
- Fragmentación de hábitats.
- Molestia visual.
- Consumo de materias primas no renovables y reciclado de residuos para la construcción.
- Concentración de contaminantes en el suelo y aguas superficiales.
- Uso de combustibles fósiles/energías renovables.

- Molestias por ruido.
- Contaminación sensible.
- Cambio climático.
- Acidificación.
- Contaminación fotoquímica.
- Toxicidad y ecotoxicidad.
- Eutrofización.
- Emisiones peligrosas debidas a accidentes.
- Accidentes.
- Riesgos hidráulicos.

La valoración cualitativa de la importancia del impacto puede realizarse utilizando la siguiente tabla:

Importancia	Descripción
Compatible	El impacto sobre el medioambiente puede recuperarse de inmediato sin ninguna medida preventiva o correctiva
Moderado	El medioambiente se recuperará del impacto a corto o medio plazo, no de manera inmediata, sin medida de atenuación alguna
Grave	Se necesitan medidas preventivas o correctivas para recuperar los efectos del proyecto a corto o medio plazo
Crítico	El impacto excede el umbral aceptable y sus efectos son irrecuperables

Los indicadores clave recomendados en el sector transporte son:

- Ocupación del suelo: espacios naturales, zonas residenciales y de ocio perdidas.
- Fragmentación de hábitats: amenazas a especies protegidas.
- Molestias por ruido: número de personas afectadas por niveles de ruido excesivo.
- Cambio climático: emisiones de CO_2.
- Toxicidad: número de personas expuestas a niveles excesivos de metales pesados (Cu), componentes orgánicos (POC), partículas sólidas, NO_2, SO_2.
- Accidentes: número de muertos, heridos graves o leves y causas.

V. 2.1. Carreteras

Para permitir la circulación rápida de mercancías y personas, y como consecuencia favorecer la actividad económica, es necesario establecer una red de comunicaciones por carretera. Esto supone no solo despejar y preparar adecuadamente una franja de terreno para su construcción, sino también, una vez construida, va a realizarse una actividad consistente en la circulación de vehículos, que dará lugar a una serie de efectos sobre las áreas vecinas, así como las operaciones para su conservación. Podemos, pues, señalar cuatro efectos directos sobre el medioambiente, que son:

- Construcción de la carretera.
- El hecho de su presencia y las operaciones necesarias para su conservación.
- Efectos debidos a la circulación de vehículos.
- Efectos debidos a modificaciones de usos del suelo por la necesidad de su accesibilidad, lugares de estacionamiento, gasolineras y cualquier otro elemento ligado a su uso.

Las carreteras, autopistas y autovías se caracterizan como estructuras lineales dado que poseen las siguientes características:

- Unen dos puntos fijos.
- Atraviesan una gran cantidad de medios.
- Ocupan relativamente poca superficie.
- Son estructuras artificiales.
- Su construcción corresponde a una necesidad real constituyendo un servicio público.

V.2.1.1. Acciones del proyecto

Las distintas etapas del proyecto y los objetivos ambientales preferentes que tener en cuenta en cada una de ellas son:

- Estudio informativo: se definen los corredores y alternativas de trazado, lo que requiere señalar los costes ambientales posibles.
- Anteproyecto: se selecciona la alternativa óptima y con ella se definen los niveles de impacto ambiental.

- Proyecto de trazado: se definen los aspectos geométricos del trazado y con ello los niveles definitivos de impactos proponiendo correcciones al trazado y diseñando un programa de vigilancia ambiental.
- Proyecto de construcción: se define la ejecución, su presupuesto, así como la restauración que realizar.

V.2.1.2. Localización geográfica y aspectos del proyecto

Habrán de tenerse en cuenta los siguientes aspectos del proyecto:

- Municipios afectados.
- Movimiento de tierras (pendientes y desmontes, voladuras, vertidos…).
- Estructuras necesarias (túneles, puentes, pasos a nivel...).
- Necesidades de suelo para la obra y para instalaciones auxiliares.
- Pistas y accesos adicionales.
- Necesidades de mano de obra.
- Plan de la obra y tiempo estimado para su ejecución.
- Necesidades de desvío de cauces de agua provisionales y definitivos.
- Otras infraestructuras o servicios (red eléctrica, caminos...).
- Terrenos y edificios que expropiar.
- Cerramientos.
- Evaluaciones de transporte a obra (graveras, canteras…).
- Tráfico previsto para la fase de operación.
- Áreas de servicio y zonas de descanso.
- Coste económico de la obra.
- Señalizaciones, quitamiedos y cualquier otro aspecto necesario.

Medida de ruido en carretera

También será conveniente tener en cuenta la posibilidad de reutilización de los materiales procedentes de firmes envejecidos. En general, las posibilidades de empleo de estos materiales se reducen a:

- Sin mejorar nada o muy poco su calidad: como materiales para capas de base o subbase en carreteras o autopistas.
- Mejorando sensiblemente la calidad hasta conseguir un producto comparable con el inicial para construir nuevas capas de firme bituminoso. Esta operación ha de realizarse de nuevo en una planta asfáltica aunque en algunos casos puede reciclarse in situ.

V.2.1.3. Medidas protectoras y correctoras

Evaluados los principales impactos ambientales, siempre hay que incidir en la adopción de medidas protectoras y correctoras tanto en la ejecución del proyecto como en la explotación del mismo.

Dentro de estas medidas, cabe destacar las siguientes:

- Calidad del aire: en la fase de ejecución, evitar la emisión de polvo (riego) y en las plantas de hormigón y asfalto (filtros). En la fase de explotación el control de emisiones de los vehículos (ITV).
- Ruido: en la fase de ejecución, al cambiar de posición la zona de trabajo con frecuencia no pueden adoptarse medidas efectivas. En la fase de explotación, enterramiento, pantallas acústicas o diques de tierra.
- Sistema hidrológico: en la fase de ejecución, prohibir los vertidos a los cursos de agua. En la de explotación, mantener el esquema de drenaje con las obras necesarias para evitar la formación de embalses.
- Suelos: ocupación y afectación mínima de suelos y vegetación.
- Movimiento de tierras: optimización del trazado para minimizarlo, y elección de zonas óptimas para préstamo y vertedero.
- Vegetación: protección de la vegetación del entorno y revegetación para asentamiento de taludes.
- Fauna: cerramientos si son necesarios y diseño de pasos.
- Paisaje: medidas para la integración en el entorno y disminución del impacto visual.
- Sistema socioeconómico: ejecución de caminos de servicio y enlaces para ciudades y pueblos.
- Protección del patrimonio arqueológico, si lo hubiese.

V.2.2. Ferrocarriles

En general, en el diseño de nuevas vías ferroviarias, se busca convertir al ferrocarril en el elemento central del sistema de transporte de viajeros y mercancías. Para conseguir este objetivo, el plan ferroviario define una ambiciosa Red de Altas Prestaciones, entendiendo por tales la alta velocidad, el tráfico mixto, la doble vía electrificada y el ancho internacional, para así hacer más competitivo a este medio de transporte frente al transporte por carretera e incluso el transporte aéreo. Las acciones prioritarias en este campo corresponden al enlace de todas las regiones españolas entre sí y con los ferrocarriles de los países limítrofes, Portugal y Francia, así como el desarrollo y ampliación de los ferrocarriles de cercanías que permitan la entrada diaria de millones de personas en las grandes ciudades que se integre de forma directa en los transportes públicos ciudadanos disminuyendo de forma drástica la circulación de vehículos particulares. La decisión última de construir o no una nueva vía de ferrocarril, vendrá determinada por el estudio de la demanda y rentabilidad, a realizar durante la primera fase del estudio informativo previo. A través del mismo, se evaluarán una serie de cuestiones que afectan al ancho de vía previsto por su posibilidad de inclusión en los nuevos proyectos de adecuación al transporte internacional de pasajeros y mercancías, además de plantearse la necesidad de diseñar variantes en puntos conflictivos, y se valorarán los diferentes trazados de vía convencional para el tráfico regional si fuese necesario.

V.2.2.1. Estudio de alternativas del proyecto

Cuando se trata de analizar y valorar las diversas alternativas de una nueva línea de ferrocarril, los principales factores que tener en cuenta son:

- Longitud total del trazado (km).
- Longitud de trazado en túnel (km).
- Longitud de trazado a cielo abierto (km).
- Longitud de trazado en viaducto–grandes estructuras (km).
- Volumen de movimientos de tierras (m^3).
- Volumen de tierras a vertedero (m^3).
- Volumen de tierras de préstamos o canteras (m^3).
- Longitud de desmontes superiores a 4 m (km).
- Longitud de terraplenes superiores a 4 m (km).
- Número de estaciones.
- Número de subestaciones eléctricas.

- Superficie total alterada (km^2).
- Superficie de instalaciones auxiliares de obra (km^2).

La fijación de 4 m de desmontes o terraplenes es un valor estimado que corresponde al establecimiento de una barrera que genera fragmentación del territorio y que, por consiguiente, requiere la planificación de elementos constructivos como pasos o puentes que permitan el tránsito.

V.2.2.2. Factores ambientales

Delimitada el área afectada por las alternativas iniciales previstas, conviene conocer los aspectos del medio que pueden proporcionarnos información sobre las características medioambientales existentes antes de la ejecución del proyecto para poder calibrar las modificaciones que podrán sufrir por la ejecución del proyecto.

Las características ambientales son:

- Clima: los datos más relevantes podrán obtenerse de las estaciones meteorológicas más próximas.
- Calidad atmosférica: banda variable de aproximadamente 500 m asociada a las soluciones preseleccionadas.
- Calidad acústica: banda variable de aproximadamente 300 m asociada a las soluciones preseleccionadas.
- Geología y geomorfología: banda variable de aproximadamente 500 m asociada a las soluciones preseleccionadas. También se considerarán las áreas susceptibles de ser afectadas por las zonas de préstamos y vertederos.
- Edafología: banda variable de aproximadamente 500 m asociada a las soluciones preseleccionadas.
- Hidrología e hidrogeología: banda variable de aproximadamente 500 m asociada a las soluciones preseleccionadas.
- Vegetación: banda variable de aproximadamente 500 m asociada a las soluciones preseleccionadas.
- Fauna: banda variable de aproximadamente 500 m asociada a las soluciones preseleccionadas.
- Paisaje: banda variable de aproximadamente 500 m asociada a las soluciones preseleccionadas y entorno asociado a presencia de potenciales observadores.

- Población: municipios próximos además de aquellos a los que el ferrocarril accederá.
- Sectores de actividad económica: especialmente en los mismos municipios anteriormente mencionados.
- Factores socioculturales. Banda variable de aproximadamente 500 m asociada a las soluciones preseleccionadas.
- Factores territoriales. Banda variable de aproximadamente 500 m asociada a las soluciones preseleccionadas.
- Espacios protegidos y de interés natural si los hubiese, en concreto zona de estudio asociada a una franja de aproximadamente 500 m.

V.2.2.3. Medidas preventivas y correctoras

A continuación, se enumeran las principales medidas de carácter general que desarrollar en fases posteriores al proyecto. Se han clasificado en función de la fase en que son de aplicación según sea la fase de diseño, o en las fases de construcción y explotación.

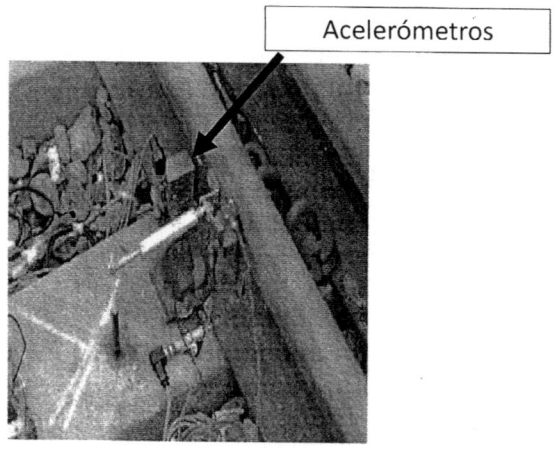

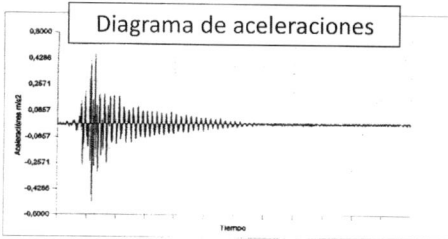

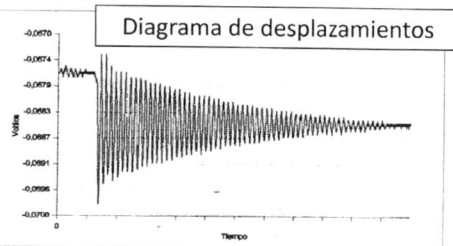

- Durante la fase de diseño del proyecto:

  • Realización de un estudio acústico y vibracional, que englobe todas las actuaciones que se enmarcan en el proyecto de construcción correspondientes a tramos sobre estructura o en zonas urbanas y sus proximidades.
  • Realización de un estudio hidrogeológico que analice los efectos producidos por la globalidad de las actuaciones en la zona, y proponga las medidas correctoras necesarias para su minimización.
  • Medidas correctoras ambientales que correspondan en las zonas de instalaciones auxiliares.
  • Los préstamos y vertederos deberán estar ubicados en las zonas debidamente autorizadas.

- Durante la fase de ejecución:

  • Formación ambiental del personal de obra.
  • Campaña de información a la población sobre las actividades de obra que realizar.
  • Correcta señalización e indicación de la zona de obras y los desvíos de tráfico producidos.
  • Minimización de la superficie alterada mediante la señalización o jalonamiento de la banda estricta de ocupación de las obras.
  • Seguimiento ambiental de las obras.
  • Control de las emisiones de partículas mediante el riego de caminos, tapado de material con lonas y limpieza de depósitos de polvo por el tránsito de camiones y vehículos de obra.
  • Seguimiento arqueológico de las obras.
  • Control de emisiones de contaminantes atmosféricos y sonoros por parte de la maquinaria y vehículos de obra mediante las revisiones y certificaciones correspondientes (ITV, etc.).
  • Limitación del tránsito de maquinaria al mínimo imprescindible en zonas con viviendas próximas.
  • Revegetación y restauración de las áreas afectadas con ejemplares propios de la zona.
  • Realización de un programa ambiental para controlar y gestionar los riesgos de vertidos (hidrocarburos y aceites, saneamiento, etc.) y residuos procedentes de la maquinaria y actividades propias de obra.

- Se garantizarán las comunicaciones y mantenimiento de los servicios afectados y durante la ejecución de las obras, en la medida de lo posible y la posterior reposición de los mismos garantizando en todo momento su pleno funcionamiento.
- Se realizarán los desvíos de tráfico, labores de señalización y recomendaciones necesarias, de manera que se garanticen las comunicaciones y accesibilidad durante el tiempo que duren las obras. Además, en coordinación con las autoridades municipales, se estudiarán las posibilidades de establecer aparcamientos alternativos.
- Minimizar los cortes temporales de suministro de los servicios afectados.
- Realización y cumplimiento del Programa Ambiental de Gestión de Residuos.
- Protección de la calidad de las aguas mediante la impermeabilización de las instalaciones auxiliares, uso de sistemas de depuración si fueran necesarios, etc.
- El estudio hidrogeológico destaca la necesidad de una adecuada ejecución de las pantallas para que sea posible efectuar su correspondiente impermeabilización. En caso contrario, los drenajes producidos generarán, entre otros efectos no deseables, un incremento de los caudales que agotar.
- El dispositivo de control del agotamiento incluirá la colocación de caudalímetros por pozo y una red de control piezométrica específica.
- Medidas para evitar riesgos procedentes de la contaminación de los acuíferos derivados de la inyección de fluidos durante la ejecución de las pantallas.
- Se verificará la no existencia de rellenos antrópicos constituidos por materiales industriales o antiguos vertederos de residuos peligrosos a lo largo del trazado propuesto.
- Protección de especies arbóreas próximas a la actuación.
- Reposición y trasplante, cuando sea posible, del arbolado directamente afectado por el trazado.
- Retirada de residuos de obra y limpieza del terreno tras la finalización de las obras y mantenimiento de las condiciones de higiene durante las mismas
- Acondicionamiento final de las zonas de ocupación temporal de obras (plantaciones y colocación de mobiliario urbano).

- Durante la fase de explotación:

• Realización de un estudio acústico y vibratorio para verificar las previsiones realizadas en fase de diseño y ajustar las medidas en su caso.

V.3. Obras hidráulicas

V.3.1. Embalses

Los embalses y canalizaciones son las obras hidráulicas más antiguas realizadas por el hombre desde que abandonó el nomadismo y creó los primeros asentamientos de población recurriendo al cultivo agrícola como base para su alimentación. Desde ese momento, la necesidad de agua para el consumo humano y para el regadío, ante una población creciente, hizo necesaria la construcción de embalses y canalizaciones. La presa es una construcción que retiene agua de un cauce natural.

La construcción de embalses suele generar un impacto moderado, y en general, son siempre mayores los beneficios que genera que los perjuicios, aunque en ocasiones, más que atender a necesidades de agua, su objetivo principal sea la regulación del caudal de los ríos. Prácticamente como impactos negativos se consideraban solo los producidos por su rotura, como el de la presa de Tous, que ha sido uno de los últimos producidos en nuestro país. Sin embargo, y desde el punto de vista ecológico, la eutrofización (enriquecimiento en nutrientes), y la sedimentación, son los temas de más interés en la actualidad. La presa retiene las aguas en lo que se llama "vaso" del embalse que corresponde a la relación entre su superficie y su profundidad. Este valor, así como la naturaleza y topografía del terreno, influyen enormemente en las aguas almacenadas. Los elementos auxiliares, tales como aliviaderos, por donde se evacuan los caudales excedentes de avenidas, son determinantes del comportamiento biológico del embalse. En los ríos salmoneros del norte de España se construyen pequeños embalses que obligan a saltar a los salmones cuando quieren desovar, lo que supone para ellos un ejercicio adicional que quema la grasa sobrante que han acumulado.

Una de las características más relevantes de un embalse es el "tiempo de residencia", que es la relación numérica entre el volumen anual de agua circulante por el río y el volumen del embalse. Aunque este valor no coincide realmente con la tasa de renovación real de las aguas del embalse, se puede considerar que representa entre un 60 o un 90 %.

Los procedimientos para evaluar el impacto de los embalses se recogen en la matriz de impactos desarrollada por la Comisión de Grandes Presas, elaborada por representantes de un número elevado de países, y regulada su aplicación al nuestro, que a la vez de destacar la naturaleza, importancia y localización de los impactos, propone las medidas correctoras aplicables. La propuesta de matriz de Leopold, propuesta para identificación de impactos contiene, para los encabezamientos de las distintas columnas desarrolladas a lo largo del eje horizontal, los siguientes:

Impactos sobre la economía y la sociedad:

E.101. Industrialización y comercialización.
E.102. Empleo.
E.103. Turismo.
E.104. Agricultura y ganadería.
E.105. Vías de comunicación.
E.106. Comercio/haciendas locales.
E.107. Revalorización rústica (plusvalía de bienes).
E.108. Aceptación social.
E.109. Usos recreativos.
E.110. Patrimonio cultural.
E.111. Estética.
E.112. Abastecimiento de agua potable.
E.113. Expropiaciones.
E.114. Éxodo rural (desplazamiento de población).
E.115. Protección contra riesgos naturales.
E.116. Salud.
E.117. Otros impactos sobre el hombre.

Impacto geofísico:

E. 201. Morfología.
E. 202. Erosión.
E. 203. Transportes en suspensión.
E. 204. Arrastre de fondo.

E. 205. Depósitos.

E. 206. Estabilidad de taludes.

E. 207. Seísmos inducidos.

E. 208. Salinidad de los suelos.

E. 209. Inundación.

E. 210. Creación de zonas pantanosas.

E. 211. Desecación de tierras.

E. 212. Influencia sobre las mareas.

E. 213. Otros.

Impacto sobre el agua:

E. 301. Calidad biológica.

E. 302. Calidad fisicoquímica.

E. 303. Salinidad.

E. 304. Sólidos en suspensión, turbiedad.

E. 305. Temperatura.

E. 306. Evaporación.

E. 307. Régimen hidráulico.

E. 308. Pérdidas de agua.

E. 309. Niveles freáticos.

E. 310. Otros.

Clima:

E. 401. Creación de un mesoclima.

Impacto sobre la flora terrestre y acuática:

E. 501. Bosques.

E. 502. Matorrales y eriales.

E. 503. Formaciones herbáceas (praderas).

E. 504. Flora acuática.

E. 505. Vegetales superiores.

E. 506. Microflora activa.

E. 507. Fitoplancton.

E. 508. Especies raras que proteger.

E. 509. Otra flora.

Fauna terrestre y acuática:

> E. 601. Mamíferos.
> E. 602. Aves.
> E. 603. Insectos.
> E. 604. Reptiles y anfibios.
> E. 605. Peces explotables económicamente.
> E. 606. Otras especies de peces.
> E. 607. Macroinvertebrados.
> E. 608. Zooplancton.
> E. 609. Microorganismos.
> E. 610. Especies raras que proteger.
> E. 611. Otros.

A su vez, las distintas líneas correspondientes al eje vertical de la matriz son las siguientes:

Usos del agua:

> A.101. Riego.
> A.102. Energía.
> A.103. Agua para abastecimientos.
> A.104. Regulación hidráulica.
> A.105. Usos industriales.
> A.106. Navegación.
> A.107. Lucha contra incendios.
> A.108. Pesca.
> A.109. Usos recreativos.
> A.110. Otras utilizaciones.

Tipos de acción:

> A.201. Presencia de la presa.
> A.202. Embalse.
> A.203. Derivación de las aguas.
> A.204. Emplazamiento de las obras.
> A.205. Ataguías.
> A.206. Edificios.
> A.207. Deforestación.

A.208. Canteras y préstamos.

A.209. Esclusas.

A.210. Canales y conducciones.

A.211. Desagües.

A.212. Tomas, derivaciones.

A.213.Líneas aéreas.

A.214. Otros tipos de acción.

Zonas afectadas:

A.301. Zona sumergida.

A.302. Laderas y cuencas (alrededores del embalse).

A.303. Zonas de oscilación.

A.304. Zona de aguas arriba.

A.305. Zona de aguas abajo.

A.306. Canales de riego.

A.307. Aguas subterráneas.

A.308. Litoral.

A.309. Otras zonas.

Acciones correctoras:

A.401. Acondicionamientos piscícolas.

A.402. Caudal mínimo garantizado.

A.403. Acondicionamientos turísticos.

A.404. Regulación del nivel del agua.

A.405. Infraestructura.

A.406. Repoblación forestal.

A.407. Lucha contra la erosión.

A.408. Dragado.

A.409. Descargas de agua.

A.410. Contra embalse.

A.411. Embalse de compensación.

A.412. Protección contra sólidos flotantes.

A.413. Perímetro de protección.

A.414. Tratamiento del agua.

A.415. Procesos de corrección.

A.416. Nuevos asentamientos.

A.417, A.418, A.419. Otras acciones correctoras.

Legislación:

A.501. Tasas e impuestos.
A.502. Plusvalías rústicas.
A.503. Normativa urbanística y de ordenación.
A.601. Otros.

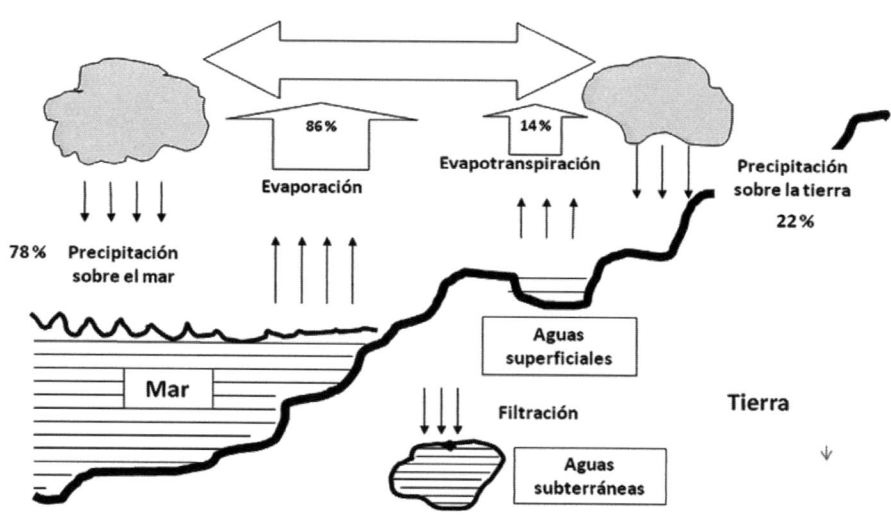

CICLO DEL AGUA

La forma de emplear esta matriz puede descomponerse en seis fases:

1. Se identifican todas las acciones que ocupan un lugar importante en el proyecto; primeramente aquellas que constituyen sus objetivos, y después aquellas que corresponden a la presa o los trabajos que realizar.
2. Se señalan en la lista todos los parámetros del medioambiente que pueden ser afectados por las acciones, actuando en este caso como si se tratase de una lista de comprobación que permita un inventario sistemático de los impactos.
3. Se concreta el lugar afectado por los impactos precedentes definidos.
4. Cada impacto definido es objeto de una evaluación que permita introducir las nociones de importancia relativa, del grado de probabilidad de que ocurra, de la duración y de los efectos diferidos de los impactos. Un mismo impacto puede ser objeto de varias evaluaciones en función del tiempo o en función del lugar.

5. A fin de hacer visible el encadenamiento de los impactos y de las repercusiones que pueden tener los efectos unos sobre otros, se pueden utilizar flechas que unan los efectos de una misma acción, lo que permite materializar gráficamente los efectos de realimentación (*feedback*).
6. La última fase consiste en considerar las medidas correctoras propuestas para paliar los efectos apuntados, si dichas medidas no suponen repercusiones nocivas para el ecosistema.

V.3.2. Ríos

Las aguas superficiales son las más vigiladas y las que se regeneran con más eficacia dado que en la mayoría de los lugares sirven como uso preferente para el consumo humano, de ahí que existan redes de control para poder establecer la calidad del agua de los ríos aunque realmente no hay una sola "agua" sino "muchas aguas", cada una con particulares características, por lo que es difícil hablar de "calidad del agua" y más bien habría que hablar de "calidades de las aguas". De hecho, aunque todavía hoy hay gente que se presenta en un laboratorio con una muestra de agua y solicita que se analice su "calidad", conviene tener claro que "el uso" que pretende darle es una de las cuestiones que tiene que definir, pues lo exigible a un agua para beber tiene poco que ver con lo exigible de un agua para regar.

V.3.2.1. Indicadores de la calidad del agua

La Organización Mundial de la Salud (OMS) es el organismo que fija las recomendaciones y requisitos de control para el agua de abastecimiento, es decir, el agua potable, y periódicamente revisa y amplía los elementos y compuestos que hay que analizar fijando, además, las cantidades máximas admisibles de los mismos.

Hemos denominado genéricamente "indicadores" a las características que medir o elementos que analizar, dividiéndolos en tres grupos fundamentales:

- Físicos.
- Químicos.
- Biológicos.

1. Indicadores físicos: se entiende por indicador físico aquel que hace referencia a una característica física, es decir, no relacionada con su composición íntima, sino con su aspecto o estado. Dentro de estos indicadores físicos, podemos destacar:

- Turbidez:
  La materia presente en el agua puede presentarse en tres estados: disuelta, en suspensión en forma de partícula y en suspensión coloidal. El primer estado está constituido por una sola fase (líquida), mientras que los otros están constituidos por dos fases, una líquida (agua) y otra sólida en suspensión. La suspensión coloidal se diferencia de la suspensión de partículas solo por la razón de que estas son demasiado pequeñas para ser eliminadas por sedimentación o filtración convencional. La turbidez se utiliza habitualmente como indicador en las aguas naturales y no solo afecta al aspecto, sino que también puede afectar al olor y al sabor, y se mide por la dispersión que sufre la luz al incidir normalmente sobre su superficie.

- Sólidos en suspensión:
  Cuando la cantidad de sólidos en suspensión aumenta, como ocurre en las aguas residuales, la turbidez deja de ser útil como indicador de calidad. Hay que acudir entonces a medir la cantidad de sólidos en suspensión. Esta medida puede hacerse por un método gravimétrico muy simple que consiste en evaporar el agua calentando hasta una temperatura ligeramente superior a la de ebullición, sobre unos 105 ºC, subiendo luego hasta unos 180 ºC para eliminar el agua que hubiera quedado retenida en las partículas. Pesando el residuo, podrá expresarse en mg/l, la cantidad de sólidos en suspensión que el agua contiene. Si quiere conocerse qué cantidad de estos residuos es orgánica y cuánta inorgánica bastará con seguir calentando hasta 450 ºC, temperatura a la cual la materia orgánica se oxida transformándose en gas (CO_2, H_2O, etc.).

- Color:
  El agua es incolora, por lo que si tiene color este es debido a la presencia de sustancias extrañas, esencialmente para aguas blancas, lo que genera el color es la presencia de sustancias disueltas. Su determinación suele realizarse por métodos fotométricos analizando

el espectro de la luz que atraviesa el agua previamente filtrada, y si no se dispone de medios puede compararse con patrones estandarizados.

- Olor:

  El agua es inodora pero al igual que el color, son los sólidos en suspensión los que pueden proporcionar olor al agua. Dado que esta característica es de apreciación muy personal, es muy difícil poder cuantificarla, de ahí que un método indirecto consista en ir agregando agua pura hasta que el olor desaparezca pudiendo entonces medirse el "olor" por la cantidad de agua agregada. También podría acudirse a la utilización de "narices electrónicas" aunque este tipo de técnicas son excesivamente sofisticadas.

- Sabor:

  El agua es insípida pero igual que el color y el olor, la cantidad y tipo de sustancias disueltas en ella puede aportar un sabor particular. Al igual que el olor, el sabor es una magnitud muy subjetiva difícilmente cuantificable, por lo que o se acude a métodos muy sofisticados, o no hay modo de medir cuantitativamente esta característica.

- Temperatura:

  Afecta a la solubilidad de gases, que decrece con el aumento de la temperatura, a la rapidez de las reacciones químicas y bioquímicas, que aumenta con ella, y además, a la cantidad y tipo de especies presentes especialmente en el ecosistema fluvial, pues cualquier variación de temperatura puede llegar a producir la desaparición de algunas de ellas.

- Conductividad:

  La conductividad representa la capacidad para conducir la electricidad, por lo que el factor que más influye en ello es la presencia de sales disueltas, es decir, los iones presentes. El tipo de terreno por el que discurre o la presencia de vertidos, influyen en la conductividad total, por lo que a veces este único indicador puede determinar la imposibilidad de reutilización del agua, pues gran parte de los iones presentes no pueden ser eliminados en los procesos de depuración habituales. Se mide la conductividad en un conductivímetro utilizando 1 cm³ de agua a una temperatura entre 15 y 25 ºC.

2. Indicadores químicos: hay autores que mencionan millones de sustancias que habría que analizar en dos aspectos: su presencia y su concentración. Está claro que al mencionarlos todos queda fuera de este pequeño resumen, por lo que hablaremos de algunas características o compuestos particulares (pH, oxígeno, etc.), mientras que otros los agruparemos, como, por ejemplo, pesticidas, sustancias orgánicas, etc.

- pH:
  Las aguas naturales tienen pH comprendido entre 6 y 9, con tendencia a mantener constante este valor a través de los procesos biológicos que en su seno tienen lugar. Las aguas residuales, especialmente las procedentes de procesos industriales, deben ser neutralizadas hasta conseguir un pH aproximadamente de 7 antes de ser vertidas. Su medida se efectúa con pH-métros.

- Dureza:
  La capacidad que tiene el agua de formar espuma con el jabón disminuye si tiene concentraciones elevadas de cationes divalentes, especialmente calcio y magnesio. Otro problema corresponde a la formación por precipitación de depósitos de sales si el agua se calienta. Se define la dureza como la suma de todos los cationes polivalentes presentes en el agua, aunque los más importantes son los que antes hemos mencionado, calcio y magnesio. Realmente existen dos tipos de dureza, la dureza total que corresponde a la suma de las concentraciones de calcio y magnesio, y la dureza temporal cuando estos aniones están asociados a los aniones "bicarbonato", y se denomina así porque puede ser eliminada hirviendo el agua, lo que provoca la precipitación de los carbonatos.

- Oxígeno disuelto:
  Este indicador se utiliza preferentemente para la determinación de la calidad de las aguas fluviales. Los mecanismos de aportación de oxígeno son dos: uno físico, de intercambio con la atmósfera, y otro biológico, debido a la acción fotosintética de los productores primarios. La concentración de oxígeno disuelto disminuye con la temperatura y con la presencia de microorganismos o contaminación orgánica.

- Materia orgánica:
  Es uno de los indicadores claros de contaminación urbana. Su característica común es la capacidad para reaccionar con el oxígeno en un proceso de oxidación, siendo esta característica la que se utiliza para proceder a su análisis. Los tipos de análisis que se utilizan son tres:
  - Si la oxidación se realiza por parte de microorganismos, se obtiene la *demanda bioquímica de oxígeno* (**DBO**).
  - Si la oxidación se lleva a cabo con un oxidante químico estandarizado como el dicromato potásico, se obtiene la *demanda química de oxígeno* (**DQO**). Si se utiliza el permanganato potásico, se obtiene la *oxidabilidad*.
  - Si la oxidación se lleva a cabo en condiciones que provocan la oxidación total de la materia orgánica, se obtiene el *carbono orgánico total* (**COT**).

- Nutrientes:
  La utilización de fertilizantes y el cultivo intensivo de determinadas plantas como las leguminosas han influido en gran medida en el aumento de concentración de compuestos de nitrógeno y fósforo, alterando, en el primer caso, el ciclo natural del nitrógeno y generando un desequilibrio, especialmente en el medio acuático.
  El nitrógeno puede aparecer en el medio acuático como amonio, nitrito, nitrato o nitrógeno orgánico. En el medio acuático el amonio, dependiendo del pH, puede encontrarse en equilibrio con la forma no ionizada (amoníaco), que es tóxica aun en bajas concentraciones, aunque lo habitual es que se oxide a nitrato. El agua potable solo admite como máximo concentraciones de nitratos inferiores a 50 mg/l, cantidad que puede rebasarse fácilmente no en aguas superficiales, pero sí en subterráneas. En embalses y lagos, para evitar que proliferen algas, es necesario conseguir que la concentración de nitratos no sea superior a 0,8 mg/l.
  El fósforo tiene una menor movilidad por ser menor el tipo de compuestos presentes en el ciclo del agua, pues suele estar presente en forma orgánica, principalmente en algas, y como ortofosfato en inorgánicas. La relación de valores N/P > 16, el fósforo es el elemento potencialmente limitante mientras que para valores inferiores lo es el nitrógeno.

- Pesticidas:
  El término pesticida se usa en general para describir un conjunto de productos químicos utilizados fundamentalmente en la agricultura, y que incluyen los insecticidas, herbicidas y fungicidas. Suelen ser sustancias orgánicas de gran complejidad que suelen conocerse por sus nombres comerciales. Se han desarrollados tres tipos fundamentales de productos:
  - Organoclorados, que son compuestos orgánicos en los que se han introducido átomos de cloro como por ejemplo el DDT.
  - Organofosfatados, que son derivados orgánicos de la molécula de ortofosfato.
  - Carbomatos derivados del ácido carbámico que se pretende como en el caso de los organofosfatados, que tengan un período de vida media relativamente bajo.

- Metales pesados:
  Los metales pesados se encuentran en el agua como *trazas*, es decir, en concentraciones de pocos microgramos por litro. Algunos como el cobre y el zinc son necesarios, ya que intervienen en funciones fisiológicas de los seres vivos, regulando funciones metabólicas.

- Aunque el número de metales es amplio, los que están en todos los programas de seguimiento como máxima prioridad suelen ser: arsénico (As), cadmio (Cd), cobre (Cu), cromo (Cr), plomo (Pb), mercurio (Hg), níquel (Ni) y zinc (Zn).

3. Indicadores biológicos: los indicadores biológicos se basan en la evaluación de los organismos presentes o de sus relaciones, dado que la presencia de determinadas sustancias en el agua genera una serie de cambios en ellas.

- *Métodos ecológicos:* son los métodos más utilizados y se basan en el hecho de que cada organismo ocupa de forma preferencial determinados hábitats. Se trata de establecer la calidad del agua en función de las especies presentes fijándose los llamados *índices bióticos*. El problema consiste en que solo se pueden establecer estos índices con carácter local, puesto que el clima y otros aspectos medioambientales pueden ser razones de más peso para explicar la ausencia o presencia de dichas especies. Los organismos que utilizar como indicadores pueden ser:

o Bacterias que pueden ser buenos indicadores de vertidos.
o Protozoos que son muy sensibles a los tóxicos.
o Productos primarios (algas) que pueden utilizarse como indicadores de nutrientes.
o Macroinvertebrados muy sensibles a la contaminación.
o Peces que son muy buenos indicadores de grandes perturbaciones aún instantáneas pero que dificultan la identificación de pequeñas alteraciones.

- *Métodos microbiológicos*: las bacterias son los mejores indicadores de la contaminación fecal, de ahí que especialmente el agua destinada al consumo humano utilice especialmente las bacterias coniformes como indicador significativo.

- *Métodos fisiológicos:* se basan en la medida de velocidad con que los organismos presentes en una masa de agua son capaces de crecer, degradar un sustrato o generar un producto. El hecho de medir la velocidad supone la necesidad de efectuar medidas de la magnitud elegida en intervalos de tiempo dados. Las magnitudes elegidas preferentemente son la producción o consumo de oxígeno. La medida del *potencial de producción de oxígeno* se utiliza preferentemente en el control de las aguas residuales antes de la entrada en las depuradoras para poder programas estas de acuerdo a las condiciones del agua de entrada.

- *Métodos bioquímicos:* las técnicas de biología molecular se utilizan para efectuar el seguimiento de microorganismos en la calidad de las aguas que depurar. Suelen ser métodos caros que además precisan tiempo y personal cualificado.

- Métodos *ecotoxicológicos:* se trata de procedimientos estandarizados en los que se elige una población formada por un organismo de referencia sobre el que se realiza el vertido midiendo el impacto que sobre ella produce. Se pueden establecer dos tipos de toxicidades:

o Toxicidad aguda, que es aquella que produce la muerte de los organismos.

    o Toxicidad crónica, que es aquella que se mide en períodos de tiempo relativamente largos y que provoca alguna alteración a nivel biológico o fisiológico que puede conducir incluso a la muerte del organismo (crónica) o a mutaciones genéticas (subcrónica).

V.3.2.2. Regulación de los ríos

La gestión del agua se basa en dos principios generalmente aceptados:

- La unidad del ciclo hidrológico.
- La unidad de la cuenca fluvial.

Esto supone que se haya aceptado el criterio de que los organismos de la cuenca sean la autoridad básica para la gestión integral del agua, teniendo como objetivos:

- Garantizar el abastecimiento de la población a precio razonable.
- Respetar el carácter renovable del recurso para garantizar un uso sostenible.
- Gestionar la demanda para conseguir un uso eficiente del agua.
- Garantizar la calidad adecuada del agua y de los valores ambientales asociados al medio hídrico.
- Garantizar los usos económicos del agua.

A pesar de esta autoridad única para gestionar la red fluvial por cuencas, en nuestro país, los ríos tienen la desventaja de ser irregulares en su caudal, lo que ha conducido a la construcción de embalses grandes y pequeños, que aparte de regular su caudal, cubrieran las necesidades de agua, especialmente para el abastecimiento de la población en núcleos urbanos. Sin embargo, todavía es necesario hacer mucho más, pues especialmente en otoño y primavera, los cauces de agua, grandes y pequeños, Ebro incluido, sufren desbordamientos. Esto supone la necesidad de que un bien escaso como el agua llegue al mar sin ser aprovechado en toda su potencialidad, por lo que es necesario la adopción de políticas firmes de trasvase entre cuencas a las que la organización política de las comunidades autónomas suele oponerse. El Ministerio de Medioambiente, y Medio Rural y Marino, siguiendo los principios de la Directiva 2007/60 sobre evaluación y gestión de riesgos de inundación, ha puesto en marcha el **Sistema Nacional de Cartografía de**

Zonas Inundables (SNCZI), un instrumento de apoyo a la gestión del espacio fluvial, la prevención de riesgos y la planificación territorial. Esto no quiere decir que se programen y efectúen actuaciones para que cuando haya un desbordamiento se tomen medidas para que no vuelva ocurrir. El eje central del SNCZI es la posibilidad de acudir a vistas aéreas que posibilitan, entre otras opciones, los estudios de delimitación del Dominio Público Hidráulico (DPH) y los mapas de peligrosidad de inundaciones de todo el territorio nacional. Este mapa podría servir para establecer medidas eficaces de interrelación de cuencas, limpieza y dragado de fondos con medios comunes para resolver el problema endémico de inundaciones y pérdidas ingentes de agua que, además, contaminan nuestras aguas costeras. El visor, sirve de ayuda a los organismos de cuenca, puesto que la cuenca es el ecosistema que debe elegirse para la emisión de informes sobre la gestión de avenidas y la gestión de inundaciones por los servicios de Protección Civil, y permite a los ciudadanos conocer la peligrosidad de una zona determinada.

V.4. Obras marítimas

La Ley de Costas 22/1988 de 28 de julio regula las zonas costeras, las zonas de playas y el mar territorial, tanto suelo como subsuelo, apareciendo en ella las competencias en relación con la defensa y limpieza de todas estas zonas. Al Ministerio de Fomento le atribuye especialmente la autorización para realizar dragados y establecer desagües residuales.

V.4.1. Contaminación marina

La contaminación corresponde a un cambio de las características del medio debido a nuestra actividad, especialmente a los residuos que generamos. El impacto que producen los contaminantes sobre el ecosistema es distinto si se trata de contaminantes no degradables o degradables. Los contaminantes biodegradables son aquellos que, natural o artificialmente, pueden degradarse o descomponerse. El origen de la contaminación marina puede deberse a que deliberadamente se vierten desechos, bien en el propio mar directamente, por ejemplo, desde los propios barcos, de forma natural o por accidente, o bien proceden de vertidos que son arrastrados al mar por cauces naturales de agua, o por cauces artificiales, como emisarios desde las ciudades costeras. Mientras que en el primer caso, a pesar del gran escándalo que causan los vertidos como el del Exxon Valdés en Alaska, el Prestige en Galicia o la plataforma petrolífera de la BP en el golfo de Tejas, al ser degradables, y consecuentemente, volver al cabo del tiempo a establecerse el equilibrio, son menos importantes que los que pueden producirse por vertido de residuos nucleares que era la forma inicial que se utilizaba en Europa, para deshacerse de ellos en la fosa atlántica, y cuyos efectos pueden provocar cambios irreversibles por mutaciones genéticas que al final pueden llegar al hombre. Hoy este tipo de vertidos están totalmente prohibidos.

Aunque existen múltiples sustancias que pueden calificarse como contaminantes, en el caso de la contaminación marina, dejando a un lado la contaminación nuclear, podemos reducirlas a tres:

- Hidrocarburos.
- Sustancias químicas.
- Bacterias y microorganismos.

V.4.2.1. Contaminación por hidrocarburos

El uso masivo del petróleo como fuente de energía que origina la necesidad de su transporte, en general, por mar. Los productos petrolíferos no estables como las gasolinas se evaporan, son los productos estables como crudos o fueloil los que se extienden formando un fina capa superficial que se extiende con rapidez sobre el agua. Las causas más frecuentes de vertidos de hidrocarburos son:

- Pérdidas y descargas de combustible de barcos.
- Vertidos de barcos o tuberías submarinas, que pueden ser accidentales como naufragios o voluntarios como el lavado de tanques.
- Escapes producidos en prospección o explotación del suelo marino.

V.4.2.2. Contaminación por sustancias químicas

Dentro de las sustancias químicas que pueden causar alteraciones en las aguas marítimas son las procedentes de los ríos, especialmente cuando se producen riadas debido a grandes precipitaciones, pues aparte de gran cantidad de sustancias sólidas que son arrastradas por la corriente, también se incorporan todas las sustancias utilizadas en las plantaciones agrícolas que pueden ir desde pesticidas a plaguicidas o biocidas en general.

Otras sustancias químicas, como metales pesados y detergentes, provienen de vertidos urbanos sin depuración previa. Todas las ciudades y pueblos costeros, eliminan sus aguas residuales directamente en el mar, en ocasiones a través de simples emisarios que, como mucho tienen filtros para disminuir el tamaño de los elementos sólidos, siendo muy pocos, aunque está legislado que debe hacerse, los que disponen de depuradoras con tratamiento completo.

V.4.2.3. Contaminación por bacterias y microorganismos

En la mayoría de las ciudades y pueblos costeros, tal como hemos dicho, no suelen existir depuradoras especialmente preparadas para la eliminación de bacterias y microorganismos que acompañan las aguas residuales. En los vertidos que se realizan muy próximos a las costas, estas bacterias y microorganismos, pueden afectar a los peces existentes en la plataforma continental y llegar a afectar al hombre. El caso del *anisakis* es bien conocido, aunque tiene una causa y un ciclo, no dependiente de estos vertidos, pero no sabemos cuántas de las gastroenteritis diagnosticadas son dependientes de las bacterias que los peces, convertidos luego en alimento humano, adquieren en aguas contaminadas.

V.4.2. Puertos

Un puerto corresponde a las instalaciones necesarias para poder efectuar en condiciones seguras, el trasbordo y el almacenaje de mercancías en estado sólido, líquido o gaseoso, así como el trasbordo de personas, desde medios de transporte terrestres a medios de transporte acuáticos y viceversa. Además, los puertos tienen, en todos los casos, la función de brindar refugio.

Existen puertos muy especializados como los puertos pesqueros que corresponden solo a puertos en los que se cargan y descargan alimentos de origen marino, o los puertos deportivos que sirven para efectuar el amarre de embarcaciones deportivas y de recreo.

El tipo, el diseño y la instalación de la infraestructura en un puerto marítimo dependerán de:

- Las condiciones locales en tierra y mar, tales como ubicación, topografía, naturaleza del terreno, etc.

- El tipo y la afluencia de mercancías que transbordar (carga: convencional, en contenedores; a granel: en unidades de carga de gran tonelaje, áridos como, p.ej., minerales, carbón, cereales, sales industriales, o bien líquidos o gases a granel como, p.ej., petróleo, gas natural licuado [LNG], etc.).
- Los correspondientes medios de transporte terrestres y acuáticos.
- Los requerimientos y la concepción resultantes de los factores precedentes.
- Las posibles combinaciones de transporte hacia el interior del país mediante vías férreas, carreteras, vías navegables interiores (canales) y oleoductos.
- Las estructuras existentes o en proceso de implantación en el área circundante (industria, comercio).

Las instalaciones terrestres que tener en cuenta pueden ser:

- Carreteras, vías férreas y demás espacios destinados al transporte
- Áreas de almacenamiento y apilamiento, naves y silos, cisternas y vías para grúas.
- Puentes, pasos elevados y subterráneos, tuberías (oleoductos), etc.
- Instalaciones de suministro de agua y energía, y de disposición de residuos (aguas negras, desechos, agua de sentinas, petróleo, aceite usado).
- Instalaciones para la contención de crecidas, como diques abiertos, etc. (en caso que los puertos estén expuestos al riesgo de inundaciones)
- Edificios de servicio, como dependencias administrativas, talleres de equipamiento y reparaciones
- Naves y edificios industriales del sector portuario y secundario, por ejemplo, naves y edificios de astilleros.

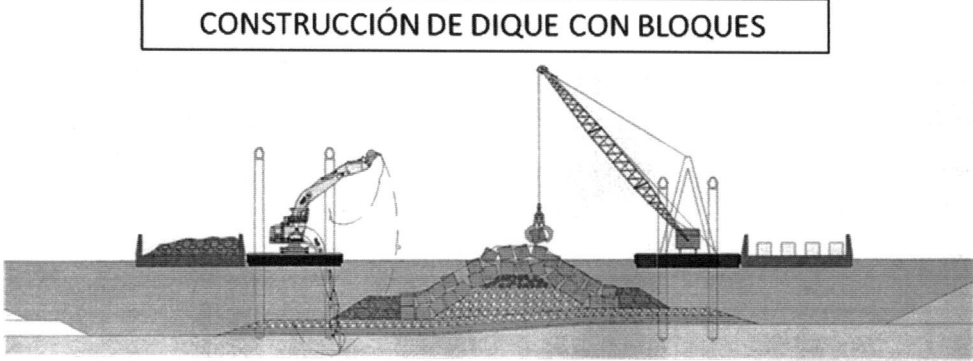

CONSTRUCCIÓN DE DIQUE CON BLOQUES

Entre las instalaciones acuáticas se cuentan:

- Dársenas, bocas de puerto, canales de acceso, esclusas, malecones, portones de seguridad, mecanismos elevadores, etc.
- Muelles y espigones de transbordo, afirmado de orillas, instalaciones de atraque para transbordadores y buques, diques y puentes de atraque.
- Instalaciones de gradas y muelles de equipamiento de astilleros (cuando estos se encuentran en la zona portuaria).

Las estructuras auxiliares de un puerto marítimo abarcan todas las instalaciones industriales no permanentes, terrestres y acuáticas propias de un puerto marítimo vinculadas a las funciones primarias o secundarias del mismo. Entre ellas, se encuentran:

- Dragas y demás instalaciones de mantenimiento y reparación.
- Instalaciones móviles de suministro y de disposición de residuos, así como equipos de protección contra incendios y catástrofes (p.ej., vehículos para combatir siniestros relacionados con el petróleo).

El impacto ambiental de los puertos marítimos es, por regla general, considerable, y tiene su origen, por una parte, en la construcción, reforma o ampliación de instalaciones (tanto infraestructura como superestructura) del puerto marítimo; y, por otra parte, en el funcionamiento de todas las instalaciones portuarias, las industrias, los servicios y los sistemas de transporte acuáticos y terrestres. El impacto ambiental de los puertos afecta al agua, al suelo y al aire, a plantas y animales de toda especie terrestre o acuática, y al ser humano. El impacto ambiental es tanto mayor cuanto mayor sea el volumen de la obra o de la ampliación y cuanto más intensas sean las actividades de carga y descarga (medidas en toneladas/año).

VALORACIÓN NUMÉRICA DE IMPACTO EN FUNCIÓN DEL TIPO DE CONSTRUCCIÓN DE DIQUE									
Alternativas	Durabilidad	Vol. Mat. Cantera	Contaminación	Dinámica Costera	Paisaje	Socio-económico	Dragado	Fondo marino	Total
Alternativa 1 Muelle de cajones continuo	4	1	2	0	2	3	2	2	16
Alternativa 2 Muelle de cajones con losa de hormigón armado	3	2	3	2	2	3	2	2	19
Alternativa 3 Muelle de cajones y pilotes con losa de hormigón armado	1	3	1	2	2	3	2	2	16

En el ámbito de "actividades", los impactos ambientales proceden:

- Primariamente de actividades propiamente portuarias, tales como el tráfico naval, las operaciones de carga, descarga, almacenamiento, transporte, suministro, disposición de residuos, mantenimiento o reparaciones
- Secundariamente, de todas las actividades de transformación y mejora que se desarrollan en la zona industrial adyacente.

Estas actividades implican alteraciones del entorno natural y de las condiciones de vida, por lo que pueden ejercer influencia sobre el ser humano, los animales, la naturaleza y el paisaje.

Una instalación portuaria ocupa generalmente grandes superficies de terreno, sobre todo si están previstas áreas y naves de almacenamiento, y eventualmente el establecimiento de industrias. En este sentido, una instalación portuaria significa siempre un considerable impacto en el paisaje natural existente, ya que las playas, costas rocosas u otras áreas de ribera son artificialmente afirmadas y edificadas, nivelando y sellando las superficies. Por tal motivo, se producen alteraciones, especialmente en áreas sensibles como el bosque, las zonas húmedas, las tierras aptas para la agricultura y las áreas urbanizadas, mediante la extracción o el reemplazo de materiales del suelo, operaciones de relleno, recubrimiento o sellado de zonas, desagües, desecaciones y grandes cargas sobre el suelo. Aunque claramente condicionadas por la finalidad productiva de la instalación, se pueden adoptar medidas de protección ambiental en el sector terrestre, cuya eficacia puede garantizarse de antemano mediante una adecuada planificación.

Las zonas de carga y descarga, almacenamiento y depósito deben configurarse de acuerdo con el tipo y afluencia de las mercancías en cuestión, y en consonancia con la forma de actuación, conforme a los siguientes criterios:

a) En relación con minerales, carbones y sales, debe procurarse que:

- La resistencia y estanqueidad de las superficies de almacenamiento se determine teniendo en cuenta el peso y la altura de los materiales áridos acumulados, de manera que se eviten alteraciones del subsuelo y del entorno como consecuencia del asiento del terreno.
- Alrededor y dentro de estas zonas debe planificarse un desagüe de dimensiones acordes con el nivel de precipitaciones, de manera que se impidan las filtraciones y las fugas, así como el fluir de aguas superficiales contaminadas de suciedad y metales pesados hacia el subsuelo y hacia el mar (deben instalarse tanques de sedimentación y, dado el caso, plantas depuradoras).

b) Tratándose del almacenamiento de mercancías a granel, pueden preverse, como remedio eficaz contra la formación de polvo, superestructuras en forma de naves o instalaciones de aspersión que, sin embargo, implican altos costos de montaje y mantenimiento. En todo caso, las mercancías a granel sensibles a los agentes atmosféricos deben almacenarse bajo techo o en silos.

c) En el caso de operaciones de carga y descarga de petróleo u otros productos líquidos, debe preverse la impermeabilización de las áreas destinadas a alijo, carga y almacenamiento en cisternas, incluyendo la instalación de separadores de aceite u otras instalaciones de depuración de aguas residuales.

Las construcciones de altura, los edificios utilitarios, la industria y las urbanizaciones son otros tantos elementos necesarios para el desarrollo de una región portuaria. Para que su planificación y realización se lleven a cabo con la debida consideración de la protección ambiental se requieren los siguientes factores:

- Separación de áreas según sus diversas finalidades.
- Empleo de materiales de construcción de bajo impacto ambiental.
- Optimización del equilibrio entre superficie necesaria y alturas útiles o de edificación.
- Prevención del derroche de suelo.
- Adaptación arquitectónica de los edificios elevados y utilitarios al estilo constructivo de la región.
- Aligeramiento del aspecto del conjunto, intercalando zonas verdes en las áreas abiertas en torno a los edificios, y, dentro de lo posible, alrededor de las áreas de almacenamiento.
- Aplicación de tecnologías ecológicas en las industrias establecidas en la zona portuaria.
- Construcción de infraestructura en el sector de abastecimiento de agua y gestión de aguas residuales, para garantizar las reservas de aguas superficiales y subterráneas y para no contaminar el agua del mar.

El desarrollo de un puerto suele implicar una serie de establecimientos industriales. La experiencia nos dice que los puestos de trabajo de nueva creación y muchas veces también la mera esperanza de conseguir un trabajo conveniente provocan una fuerte afluencia, frecuentemente incontrolada, de trabajadores (potenciales) en compañía de sus familias. De ahí que en la planificación del puerto deba prestarse especial atención a configurar condiciones de vida dignas en lo que se refiere a vivienda y atención sanitaria.

El desarrollo de una zona portuaria con los correspondientes establecimientos industriales representa una enorme sobrecarga de las redes de abastecimiento y de disposición de residuos. En particular, mencionaremos el posible impacto ambiental derivado tanto de la necesidad de agua potable como de la producción de aguas residuales. Pero también deben tenerse presentes, en especial durante la fase de planificación, la incidencia sobre la atmósfera y el suelo, el desgaste paisajístico y el impacto del tráfico (entre otras, las cuestiones de seguridad).

Las instalaciones acuáticas de un puerto suponen en la mayoría de los casos gran consumo de superficie, por lo que representan una considerable injerencia en la naturaleza y en el paisaje. Pero también puede reducirse la magnitud de este impacto si se planifica con el esmero requerido. Por lo tanto, el objetivo de la planificación y construcción de las instalaciones en el agua de un puerto marítimo deben establecerse, con base en previas y extensas mediciones batimétricas e hidrológicas, bases de datos ambientales y, eventualmente, ensayos simulados, las magnitudes ambientales predominantes, tales como:

- Las relativas a los vientos y al oleaje.
- Las referidas a las corrientes y a la sedimentación.
- Las que afectan al agua, al suelo y a la atmósfera.

Además, habría que tratar de integrar las instalaciones portuarias al máximo posible en el paisaje general.

El aporte de sedimentos obliga a efectuar regularmente trabajos de dragado y mantenimiento para garantizar la profundidad navegable. El barrido o vertido al mar del material dragado plantean grandes problemas ecológicos, especialmente porque:

- Este lodo puede estar contaminado por la polución general de las aguas, bien sea a causa de los vertidos, o por contener petróleo o metales pesados.
- Durante largas temporadas se necesitan grandes extensiones de terreno para el barrido y vertido al mar de estos lodos, resultando muy costoso recuperar dicho terreno como tierra cultivable.
- En caso de efectuar el vertido de estos lodos al mar, se altera la configuración submarina y la flora y la fauna acuáticas.

La mejor manera de prevenir estas consecuencias es planificar obras de construcción teniendo en cuenta, a tiempo, el aspecto hidrodinámico y prever instalaciones adecuadas para la disposición de residuos a la mayor distancia posible de las zonas residenciales. Lo mismo se puede decir de la eliminación de aguas residuales y desechos generados en el puerto.

La concepción de una instalación portuaria debería aprovechar los efectos naturales de las mareas y corrientes fluviales en la zona de río o delta de un estuario para mantener libres las vías de acceso gracias a una hábil disposición de diques de encauzamiento para dirigir y concentrar la corriente (efectos de barrido), obras de cerramiento del puerto (sobre todo de la zona de acceso, a fin de evitar las erosiones de sotavento) y muelles que, dentro de lo posible, no deberían ubicarse en zonas de aguas muertas. Hay que evitar construir las instalaciones portuarias en zonas de agua salobre (coincidencia de aguas saladas y dulces, que provoca una mayor formación de lodos).

Las zonas de caladero y acuicultura, costeras y fluviales, así como el resto de la flora y fauna natural, pueden ser perjudicadas por la construcción de puertos, ya que se pierden grandes superficies de agua y espacios de cría y biotopos. Otros riesgos motivados indirectamente por la instalación portuaria son daños como consecuencia del vertido de aguas residuales o alteraciones del nivel freático en la zona portuaria.

El deterioro de las existencias piscícolas puede hacer que el consumo de pescado se transforme en un riesgo para la salud de la población, y ocasionar la pérdida de puestos de trabajo en las empresas pesqueras.

Las medidas de prevención para reducir la contaminación del agua en la zona portuaria consisten esencialmente en mantener los vertidos en el mínimo posible o permitir tan solo el vertido de aguas residuales depuradas.

De los materiales de construcción que se utilizan para realizar las instalaciones en el agua (hormigón, cascotes), no se espera un impacto negativo sobre el medioambiente; sin embargo, las tablestacas de acero en zonas de clima caliente y por la influencia del agua salada y, sobre todo, del agua salobre, sufren una considerable corrosión, de modo que su empleo sólo puede tomarse en consideración si se tratan con anticorrosivos. Para evitar la contaminación, habría que elegir aquí únicamente pinturas no tóxicas. La madera como material de construcción solo es apta con reservas, ya que su durabilidad es limitada debido a los procesos de putrefacción en la línea de vaivén del nivel de las aguas.

V.5. Ejercicios

1. ¿Conoces otros tipos de obras lineales además de las mencionadas de carreteras y ferrocarriles? ¿Cuáles?

2. ¿Qué impactos ambientales que se producen en los aeropuertos habría que destacar sobre aquellos que se producen en los tipos de transporte mencionados?

3. Los oleoductos o gaseoductos, ¿generan algún tipo de impacto medio-ambiental propio?

4. Desarrolla el estudio de impacto ambiental de un proyecto de transporte por ferrocarril de alta velocidad entre dos ciudades que tú elijas.

5. Desarrolla el estudio de impacto ambiental de un proyecto de autovía entre dos ciudades que tú elijas.

6. Desarrolla el estudio de impacto ambiental de un proyecto de oleoducto entre una ciudad costera y otra en el interior.

7. Desarrolla el estudio de impacto ambiental de un proyecto de embalse sobre el río o afluente que elijas.

8. Desarrolla el estudio de impacto ambiental de un proyecto de trasvase entre dos ríos de cuencas diferentes.

9. ¿Qué tipos de canalizaciones en función de su fin puedes destacar?

10. El dragado como operación de mantenimiento en ríos y puertos, ¿qué objetivo preferente tiene?¿Qué impactos beneficiosos y perjudiciales puede producir?

11. Desarrolla el estudio de impacto ambiental de un proyecto de dragado de un río para evitar riadas.

12. Desarrolla el estudio de impacto ambiental de un proyecto de construcción de emisarios para eliminación de aguas residuales de una ciudad costera.

13. Desarrolla el estudio de impacto ambiental de un puerto pesquero.

14. Desarrolla el estudio de impacto ambiental de un puerto de pasajeros.

CAPÍTULO VI: Impacto ambiental urbano

VI.1. Introducción

La ciudad posee características propias que, desde el punto de vista medio-ambiental, necesitan tratamiento particular. Urbanizar una zona rural, no tiene nada que ver con diseñar una remodelación en suelo urbano. Sin embargo, pode-mos distinguir dos tipos principales de ciudades: las que poseen cientos de miles de habitantes, y aquellas urbes más pequeñas cuya población solo alcanza miles. Vamos a referirnos especialmente a las primeras, puesto que para las segundas, el mayor problema medioambiental es casi siempre la falta de recursos necesarios para poder suministrar servicios de calidad, incluyendo a veces un recurso tan necesario como el agua.

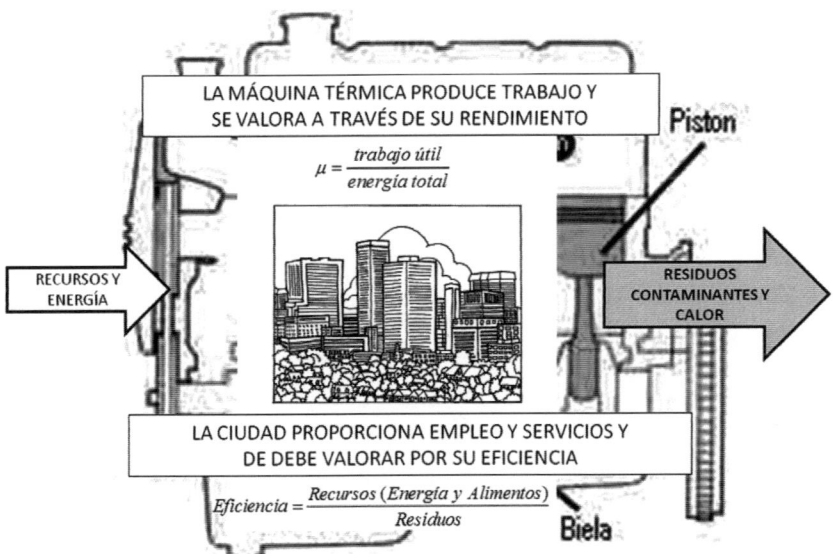

Por mencionar un símil físico aplicable, la ciudad es una gran máquina térmica en la que entran recursos y energía, y se emiten contaminantes a la atmósfera, al agua y al suelo, además de energía no aprovechable en forma de calor, por lo que realmente su estudio medioambiental debe realizarse de una forma muy distinta.

Una máquina térmica produce trabajo, una ciudad genera empleo y presta unos servicios de calidad que un medio rural no puede proporcionar. La evaluación de una máquina térmica se hace en función de su rendimiento que corresponde al trabajo útil que puede proporcionar en función de la energía total consumida. Un medio urbano podría evaluar su rendimiento de una forma un poco más compleja, como podría ser, los recursos que consume (alimentos y energía), con relación en los residuos que produce, de tal forma que más que rendimiento podríamos denominarlo eficiencia. Si aceptamos esta evaluación, el aumento de la eficiencia de un medio urbano pasará siempre por la disminución de los residuos, por lo que realmente, al adoptar este criterio de evaluación, tenemos que estudiar preferentemente más que el impacto ambiental, la reutilización y el reciclaje.

VI.2. El ecosistema urbano

El ecosistema urbano es un ecosistema disipativo, es decir, lo contrario de conservativo, y siguiendo con el símil termodinámico que hemos mencionado, es decir, considerando que la ciudad es una inmensa máquina térmica que se rige por los mismos principios que ellas, en especial, por el 2.º Principio de la termodinámica, la "entropía" es siempre creciente, o lo que es lo mismo, la degradación de la energía es un proceso irreversible. Debemos considerar, además, que la ciudad es un sistema "abierto", es decir, aquel que intercambia materia con su entorno, y no solo energía.

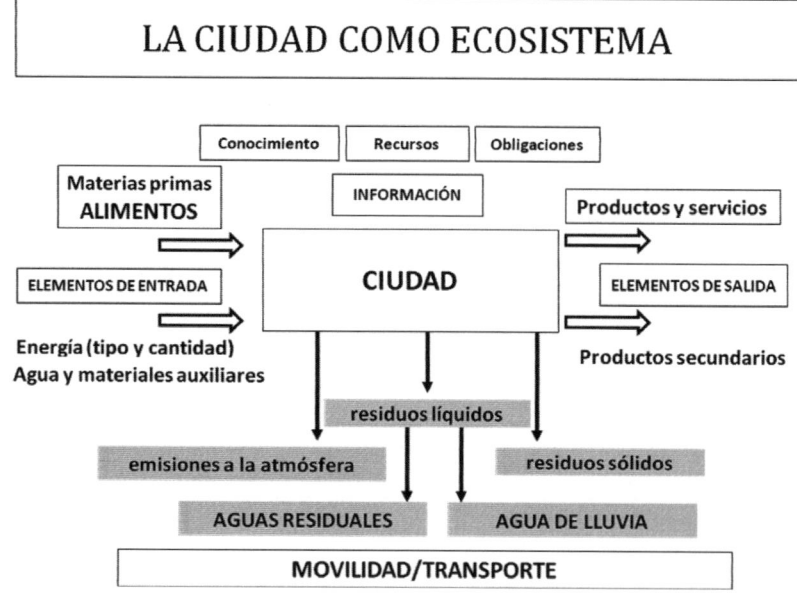

Desde el punto de vista energético, la ciudad es un "punto caliente" que genera un microclima, siendo su nivel medio de temperatura superior al de su entorno aproximadamente en 3-4 °C, debido a la contaminación atmosférica (efecto invernadero), y a los materiales preponderantes, asfalto, tejas, o ladrillos, que son materiales poco reflectantes y, consecuentemente, capaces de acumular la energía solar que produce esa subida de la temperatura ambiente.

Sin embargo, en otros aspectos, la ciudad como ecosistema, simplifica especialmente los aspectos medioambientales que tener en cuenta, dado que el medioambiente urbano al interrumpir cualquier tipo de correlación con el sistema natural, y por su propia complejidad no puede adaptarse a las modificaciones ambientales naturales.

VI.2.1. La ciudad como sistema insostenible

Como el concepto de sostenibilidad recoge, no existe desarrollo sin el respeto a las necesidades de las generaciones venideras.

Una ciudad que consume recursos no renovables, que genera residuos y emisiones que compromete la calidad social y estética, será insostenible cuando supere "la capacidad de carga del ambiente".

La "capacidad de carga" se entiende como la capacidad de reacción mediante procesos de autodepuración, absorción y reciclado de residuos, recuperando así recursos.

VI.2.2. La ciudad como sistema sostenible

Una ciudad "sostenible" será aquella capaz de mantener el equilibrio por sí misma, debiendo relacionar el modelo biofísico (materia y energía) con el modelo económico, asumiendo que el capital y el trabajo son entradas equiparables a la materia y energía, y consecuentemente, estableciendo una clara distinción entre capital natural y capital producido por el hombre.

VI.3. Inventario urbano

Está claro que el inventario ambiental urbano tiene poco que ver con lo que hasta aquí hemos llamado inventario ambiental. Por poner un ejemplo sangrante, "la fauna urbana" es solo humana, pues mascotas y ratas no pueden contabilizarse como tales. ¿Cuáles son, entonces, los aspectos ambientales que valorar en la ciudad? Vamos a tratar de definir por orden de valoración los indicadores ambientales urbanos, y para ello los clasificaremos en cinco módulos principales:

Módulo 0: datos de base

0.1: Uso del suelo (urbano o área metropolitana): Superficie km^2 (% del total) destinados a uso:
- a) residencial
- b) comercial
- c) agrícola
- d) transporte
- e) recreativo
- f) área libre
- g) aguas superficiales

0.2: Población: población total media en:
- a) municipio
- b) área metropolitana
- c) asentamiento urbano
- d) país

0.3: Tasa de crecimiento de la población (anual)

0.4: Número de mujeres cabezas de familia (total)

0.5: Tamaño familiar medio (número de personas por familia)

0.6: Tasa de formación de familias (tasa anual)

0.7: Distribución de la renta (porcentaje de familias y renta media por rango)

0.8: Producto urbano per cápita (producto bruto dividido por población)

0.9: Propiedad de las viviendas:
- Viviendas en propiedad
- En fase de compra
- Alquiler
- Subarriendo
- Gratuita
- Ilegal
- Otros tipos

Módulo 1: desarrollo socioeconómico

1.1: Familias por debajo del umbral de la pobreza (porcentaje por debajo del umbral)
1.2: Empleo sumergido (porcentaje)
  a) No declarado
  b) Declarado
1.3: Plazas hospitalarias (personas por cama)
1.4: Mortalidad infantil (proporción de niños que mueren antes de cumplir los 5 años)
1.5: Número de aulas escolares (niños por aula)
  • Elemental
  • Media
1.6: Tasa de criminalidad (anual por 1000 habitantes)
  a) Homicidios
  b) Robos

Modulo 2: infraestructuras

2.1: Nivel de infraestructuras de las viviendas (porcentaje de familias) con:
  a) Agua corriente
  b) Alcantarillado
  c) Electricidad
  d) Teléfono
2.2: Acceso al agua potable (porcentaje de familias)
2.3: Consumo de agua (litros per cápita)
2.4: Precio del agua (precio medio)

Modulo 3: transportes

3.1: Modo de transporte (proporción de viajes casa-trabajo que utilizan):
  a) Automóvil privado
  b) Tren
  c) Autobús
  d) Moto
  e) Bicicleta
  f) A pie
  g) Otros

3.2: Tiempo de viaje (tiempo medio al día)

3.3: Inversiones en infraestructuras (inversión per cápita en tres años)

3.4: Propiedad de coches (número de coches por cada 1000 habitantes)

Módulo 4: gestión medioambiental

4.1: Porcentaje de vertidos tratados
Porcentaje de cualquier tipo de aguas de vertido sometidas a cualquier tipo de tratamiento

4.2: Residuos sólidos generados (residuos sólidos: m³ o Tm per cápita)

4.3: Método de tratamiento de residuos sólidos
Proporción de residuos sólidos tratados en:
a. Vertederos controlados
b. Incineración
c. Vertederos ilegales
d. Reciclaje
e. Otros

4.4: Recogida de residuos (proporción de familias con servicio)

4.5: Viviendas destruidas (porcentaje destruido por eventos naturales u otros en los últimos 10 años)

Módulo 5: gobierno local

5.1: Fuentes de financiación pública local
1. Presupuesto público per cápita en los últimos tres años
2. Porcentaje de presupuesto en función de las fuentes:
a. Tasas
b. Impuestos directos
c. Transferencias de otros niveles de gobierno
d. Préstamos
e. Otras fuentes de renta

5.2: Inversiones per cápita (media tres años)

5.3: Deuda (porcentaje de gasto empleado en pago de deuda)

5.4: Trabajadores de Administración local (número por cada 1000 habitantes)

5.5: Proporción gasto en personal de la institución

5.6: Proporción gasto en personal externo

5.7: Servicios
Servicios urbanos por tipo de servicios (bomberos, protección civil…), y tipo de proveedores

5.8: Mecanismos de control

Para cada uno de estos indicadores habrá que determinar un valor óptimo que coincidirá con el valor 1 y, en general, la función de dependencia entre el valor de la magnitud y el valor del indicador habrá que determinarlo en cada caso, ateniéndose como casi siempre a las funciones lineales crecientes o decrecientes, y exponenciales, crecientes o decrecientes aunque en algún caso haya que recurrir a otros tipos.

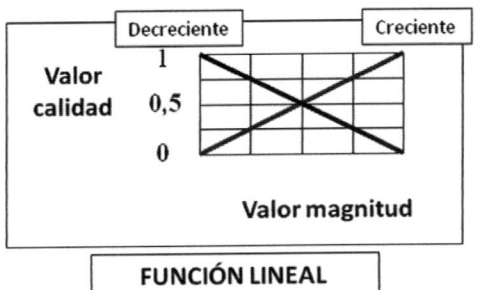

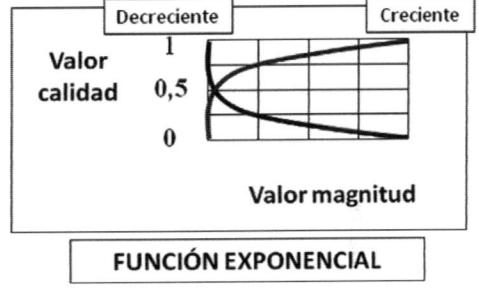

VI.4. Cálculo del Índice de Impacto

Para evaluar el impacto ambiental, tendríamos que asignar un valor de ponderación a cada uno de los indicadores que pueden verse afectados por el proyecto, y multiplicar ese valor por el valor de la variación que sufre el propio indicador.

$$IA = \frac{\sum_{1}^{n} In_{i\,(despu\acute{e}s-antes)} V_{pi}}{\sum_{1}^{n} V_{p}.In_{i}\,m\acute{a}ximo}$$

Si el valor encontrado es positivo quiere decir que vamos a tener un impacto positivo; si por el contrario es negativo quiere decir que el impacto será negativo, es decir, que nuestro proyecto empeora las condiciones ambientales. El sistema de valoración es entonces bastante simple y puede aplicarse incluso para desechar distintas alternativas.

Independientemente de la evaluación del impacto ambiental de un proyecto urbano como puede ser la construcción de un tren de cercanías, tal como hemos indicado, la política sobre el medioambiente urbano no ha de establecerse para la ejecución puntual de proyectos, sino que ha de aplicarse una política continua de reducción de residuos o, si se quiere, disminución de la contaminación ambiental. Como en toda contaminación, hay que referirse siempre a las emisiones a la atmósfera, a la contaminación del agua y a la generación de residuos sólidos.

VI.5. La atmósfera urbana

En una gran ciudad como Madrid, la primera impresión que uno tiene cuando caen las primeras gotas de lluvia es que llueve barro, y si no llueve, situándose en un lugar elevado puede apreciarse una cúpula esférica que cada vez se torna más grisácea si hace tiempo que no llueve. Esa impresión, sin necesidad de medidas cuantitativas concretas, nos indica la contaminación del aire inherente al medio urbano. Los principales agentes que generan las sustancias contaminantes son:

- Transporte.
- Industria.
- Calefacciones (en invierno).
- Incineración de residuos.

Aparte de esta contaminación por sustancias contaminantes, podemos también hablar de contaminación física:

- Ruido, cuyos principales agentes contaminantes son el transporte y las obras.
- Contaminación electromagnética que, dejando a un lado la radiación natural, su principal agente son las comunicaciones.

VI.5.1. Transportes

La movilidad es para las grandes ciudades una cuestión prioritaria que resolver. La mayoría de los empleos o están en el centro de la ciudad, en oficinas o en el sector servicios, o bien en la periferia, generalmente el sector industrial, mientras que el centro de las ciudades se deshabita y se habita la periferia, en ciudades dormitorio para el nivel social más bajo, o en urbanizaciones para el más alto. Al inicio del día, millones de personas tienen que desplazarse, muchas de ellas a través de la ciudad, y la obligación de facilitar estos desplazamientos corresponde a las administraciones públicas.

El concepto de "movilidad sostenible" es un reciente concepto ligado a la necesidad de mantener o aumentar la movilidad de los ciudadanos, reduciendo a la vez la emisión de gases contaminantes a la atmósfera. Sin embargo, aunque esto es un problema común a las grandes ciudades, no hay una receta única que permita resolver el problema.

Las medidas adoptadas para obtener una movilidad aceptable, y a la vez reducir las emisiones de contaminantes a la atmosfera, han sido preferentemente:

- Aumentar la calidad del transporte público, preferentemente aquel que utiliza como energía la electricidad (metro y tranvía), o en el resto como en autobuses, utilizar biocombustible o gas.
- Disuadir a los ciudadanos de la utilización del vehículo particular, aumentando el coste del aparcamiento, implantando un impuesto por entrada en la ciudad e incluso prohibiendo en función de la terminación de la matrícula, la circulación en días pares o impares.

Ninguna de estas medidas ha dado un resultado aceptable. Un ciudadano por coche sigue siendo el espectáculo de entrada o salida de las grandes ciudades.

¿Qué medidas podrían tomarse? Aunque la única medida aceptable a largo plazo es la educación, es conveniente aplicar la creatividad para plantear otras medidas disuasorias para la utilización de un vehículo privado, y estas podrían ser:

- Reducir el tiempo de utilización del transporte público para que sea igual o menor al que utiliza el transporte privado entre dos mismos puntos.
- Convertir el tiempo de transporte en tiempo útil.

La primera de estas medidas parece algo imposible de conseguir, y realmente lo es, dado que el metro o el tranvía no tienen caminos flexibles. Sin embargo, los autobuses tienen líneas invariables desde su fundación, dado que solo suele añadirse a su recorrido alguna parada más en cabecera o en su final, dependiendo del desarrollo de la ciudad. Si la línea más corta entre dos puntos es la línea recta trazar recorridos paralelos lo más horizontal y vertical posible podría disminuir el tiempo de recorrido aunque ello obligara a cambiar de autobús dos o tres veces. Esto evitaría que tres o cuatro líneas tengan solapados sus recorridos, siendo común el 70 u 80 % del mismo, pero se necesitaría un abono diario, semanal o mensual de precio reducido.

Si hoy es posible trabajar desde el domicilio, debería ser posible trabajar desde el transporte público, aunque realmente esto solo sería posible en determinado tipo de trabajos.

VI.5.2. Industria

Hace años, la contaminación producida por la industria, especialmente en algunas ciudades con carácter especialmente industrial como Bilbao, era un problema, prácticamente la contaminación generada por la industria ha ido limitándose a polígonos alejados de los grandes centros urbanos, haciéndose imposible hoy por hoy, que se instale una industria aunque solo sea ligeramente contaminante dentro del núcleo central de una gran ciudad. Uno de los fenómenos ligados a la contaminación generada por la industria es la llamada "lluvia ácida", que corresponde a la reacción del dióxido de azufre con el agua de lluvia para generar ácido sulfúrico. Hoy, los gasóleos y el carbón utilizado tanto en la industria como en las calefacciones, tienen una concentración de azufre muy limitada, por lo que este fenómeno de la "lluvia ácida" ha dejado de ser apreciable.

VI.5.3. Calefacción

Aunque es un problema temporal, la calefacción por carbón, es excesivamente contaminante. Si no se subvenciona la extracción de carbón y si se subvenciona el cambio de caldera a gas, se solucionaría gran parte del problema, y si esto se hace también para las centrales térmicas, mucho mejor.

VI.5.4. Incineración de residuos

El proceso de incineración es un proceso de combustión controlada que transforma los residuos, en productos gaseosos y un residuo sólido inerte (escorias). Este proceso de eliminación de residuos sólidos tiene la ventaja de que reduce en gran medida el volumen de residuos, pero el inconveniente es la emisión de humos a la atmósfera. Los residuos sólidos tratan hoy de utilizarse en la fabricación de hormigón, proceso todavía en estudio, mientras que los humos es preciso eliminarlos habiendo legislación sobre las cantidades de emisión máximas permitidas.

VI.5.5. Contaminación física

La contaminación física corresponde a dos tipos:

- Contaminación acústica.
- Contaminación electromagnética.

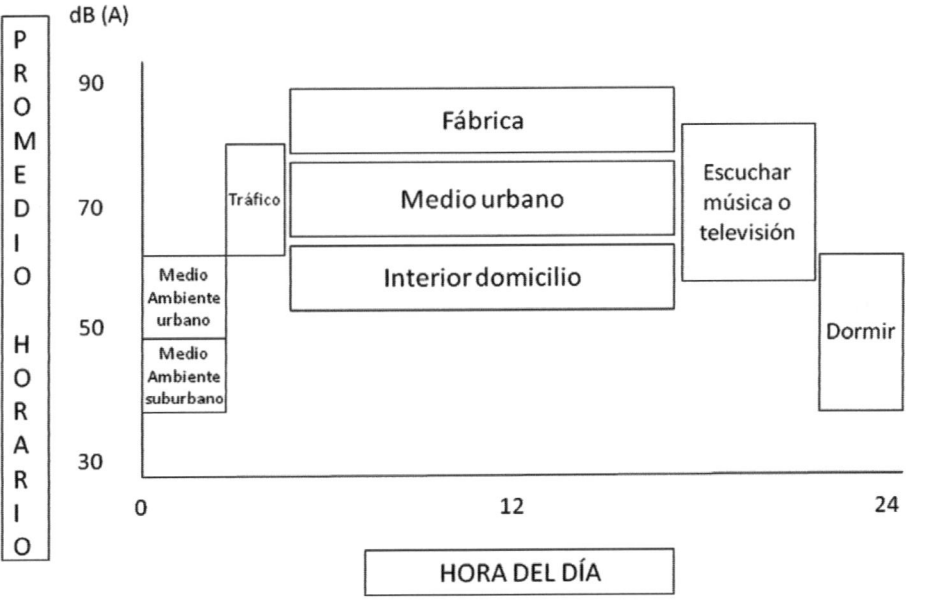

VI.5.5.1. Ruido

Se entiende por ruido el sonido no deseado. Esta definición es un tanto ambigua, pues lo que para unos puede ser un sonido placentero como, por ejemplo, el rap o el *rock*, puede ser desagradable para otros. Sin embargo, un sonido normalmente aceptable puede convertirse en molesto si es de elevada intensidad o en función de la hora y lugar en que se produzca. Aunque el ruido es, pues, valorado de forma diferente por diferentes observadores, es un elemento contaminante de primera magnitud, pues puede producir desde ligeras molestias físicas o psíquicas hasta la pérdida de audición. La sociedad actual es cada vez más ruidosa y las molestias ambientales que genera son cada vez peor valoradas y más protestadas por la comunidad. Los ruidos domésticos, aunque son fastidiosos y pueden dar lugar a problemas de conducta, no suelen conducir a la pérdida de la audición. Los ruidos repentinos, especialmente los de elevada intensidad o tono, no solo entrañan la interrupción de las actividades, sino que afectan al ritmo cardíaco generando una constricción de los vasos sanguíneos. El ruido urbano contribuye a crear una atmósfera general de estrés especialmente en los alrededores de aeropuertos o vías con gran densidad de tráfico. Todos estos efectos, excepto el de la pérdida de audición, no han sido estudiados en profundidad, especialmente por falta de estudios estadísticos serios. Sin embargo, las protestas vecinales sobre el ruido cada vez son más numerosas, por lo que los reglamentos municipales para prevenir el ruido, así como las leyes comunitarias sobre este tipo específico de contaminación cada vez son más restrictivas, aunque en general, tanto en un caso como en otro, tratan de formular restricciones sobre las fuentes y no establecer elementos de protección o atenuación como firmes antirruido, pantallas acústicas, materiales de construcción absorbentes, u otros que actuasen sobre la transmisión o recepción.

Los elementos generadores de ruido en el medio urbano, es decir, las fuentes, son:

- Tráfico.
- Equipos industriales.
- Actividades de construcción.
- Actividades deportivas y multitudinarias.

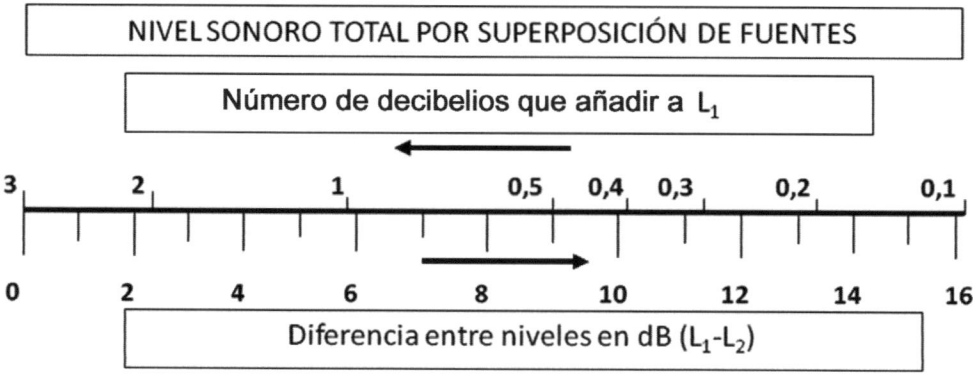

Aunque en España no existe un método oficial para el cálculo de la contaminación acústica del tránsito rodado, suele utilizarse la Directiva 49/2002/CE del Parlamento Europeo sobre Evaluación y Gestión del Sonido Ambiental, en la que la magnitud que se utiliza para evaluarlo es el Nivel Equivalente Sonoro, en función del caudal medio de tráfico diurno o nocturno (IMD o IMN), la velocidad media y el tipo de vehículo. Existen programas que, además, tienen en cuenta la morfología del terreno, especialmente la situación, dimensiones y materiales de los edificios circundantes.

En las proximidades de aeropuertos, el nivel de intensidad sonora en ocasiones rebasa los límites de 100 dB, y aunque existe legislación para que se limite el valor máximo de la intensidad emitida por aeronaves y vehículos industriales, esa legislación está en suspenso y solo será aplicable paulatinamente cuando los fabricantes puedan cumplirlo.

En el caso de las obras, las operaciones y máquinas que se realizan suponen un aumento sensible de la intensidad acústica. Hay que tener en cuenta que el valor el nivel de intensidad sonora total no es la suma de los niveles de cada elemento emisor, sino que en función de la diferencia, si esta es del orden de 8 dB, se añade solo 1 dB más.

VI.5.5.2. Contaminación electromagnética

Es importante distinguir dos rangos de radiaciones electromagnéticas: *ionizantes y no-ionizantes,* cuyos mecanismos de interacción con los tejidos vivos son muy diferentes. La ionización es un proceso por el cual los electrones son desplazados de los átomos y moléculas. Este proceso puede generar cambios moleculares potencialmente capaces de dar lugar a lesiones en los tejidos biológicos, incluyendo efectos en el material genético (ADN). Para que este proceso tenga lugar es necesaria la interacción con fotones de muy alta energía, como los de los rayos X y rayos gamma. Se dice, entonces, que los rayos X y los rayos gamma son radiaciones ionizantes, y la absorción de un fotón de estas radiaciones puede originar ionización y el consiguiente daño biológico. En una ciudad este tipo de radiación es la natural, procedente directamente del sol como en cualquier otro lugar, o la artificial en el entorno de centros médicos u hospitalarios que está rigurosamente controlada.

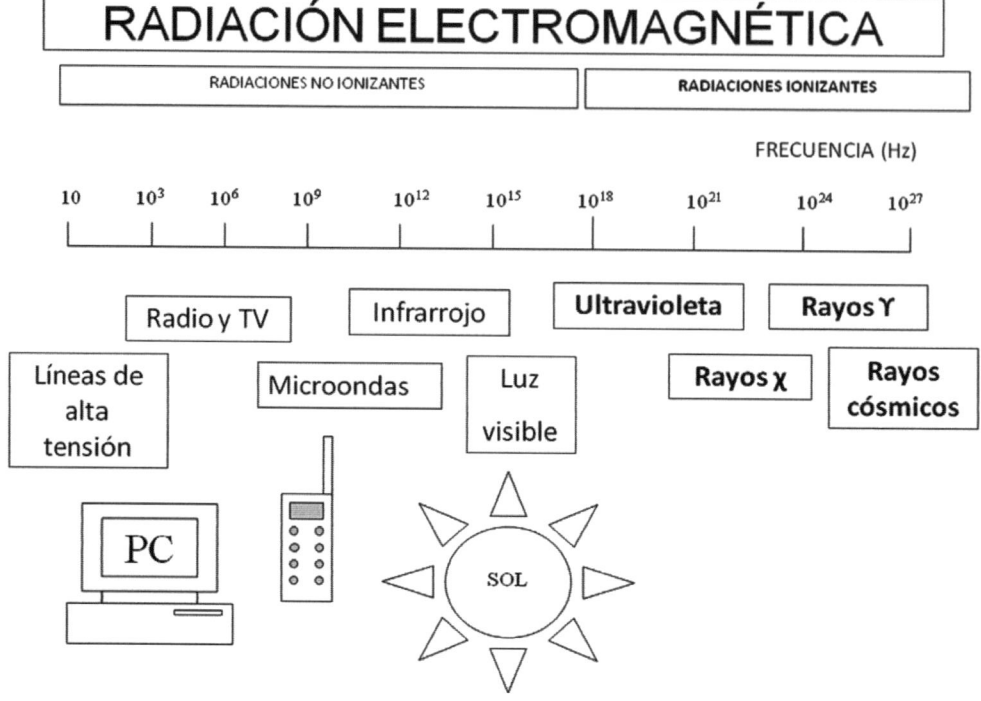

Las energías de los fotones asociados con las radiaciones de frecuencias más bajas no son lo suficientemente elevadas como para causar ionización de átomos y moléculas. Es por esta razón que a los CEM de radiofrecuencia, junto con la luz visible, la radiación infrarroja y las radiaciones electromagnéticas de frecuencia extremadamente baja (FEB) se les denomina radiaciones no-ionizantes. Este tipo de radiaciones no ionizantes son elevadas en los centros urbanos, y corresponden a la transmisión de ondas electromagnéticas utilizadas en comunicaciones, TV, radio, telefonía, que nos envuelven de forma continua. Estas radiaciones pueden ceder energía suficiente, cuando inciden en los organismos vivos, como para producir efectos térmicos de calentamiento, tales como los inducidos por los microondas. También, las radiaciones no ionizantes intensas de frecuencias bajas pueden inducir corrientes eléctricas en los tejidos, que pueden afectar al funcionamiento de células sensibles a dichas corrientes, como pueden ser las células musculares o las nerviosas. Algunos estudios experimentales, realizados generalmente sobre cultivos de células, han mostrado respuestas biológicas a radiaciones no ionizantes demasiado débiles para inducir efectos térmicos o corrientes intensas. Sin embargo, estos resultados en lo que refiere a posibles efectos sobre la salud, son muy cuestionados aunque se realizan estudios estadísticos para establecer relaciones entre la exposición continua a este tipo de radiaciones y enfermedades como el cáncer.

VI.6. Aguas residuales

Una sociedad urbana necesita gran cantidad de agua para muy diversos usos, y una vez utilizada es necesario eliminarla. Los romanos supieron resolver positivamente estos dos problemas fundamentales de las concentraciones urbanas, y los acueductos de Segovia o Mérida son testigos fieles de la alta tecnología desarrollada por ellos en la resolución del problema del agua que era traída en ocasiones de zonas situadas a treinta o cuarenta kilómetros de distancia de los núcleos urbanos. La ubicación de sus ciudades al lado de ríos o mares a los que se pudiera dar salida a las aguas residuales a través de un sistema de cloacas demuestra que eran excelentes ingenieros. La única capital de provincia española que no tiene río o mar a través del que se pueda dar salida a las aguas residuales es Albacete. Sin embargo, esta tecnología se perdió desde la caída del Imperio romano, lo que produjo innumerables problemas debidos esencialmente a la contaminación del agua para abastecimiento debido a la no correcta eliminación de las aguas residuales. Los graves problemas epidémicos de salud debidos a esto, solo pudieron resolverse a finales del siglo XVIII y principios del XIX, pero fue justamente a finales del siglo XX, debido a la industrialización, cuando de nuevo se agravaron sensiblemente estos.

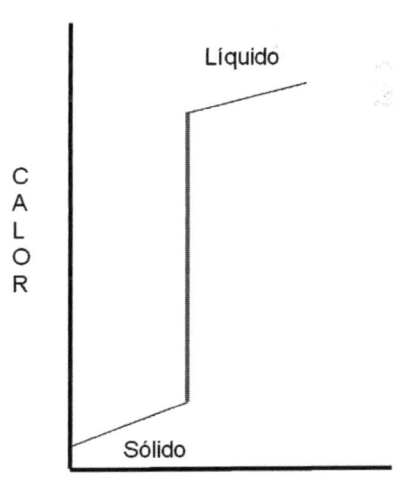

En los países desarrollados a finales del siglo XX, se tiende a reciclar, y en el caso del agua, a depurarla para evitar los efectos contaminantes y poder reutilizarla. La potabilización no siempre es posible, pero al menos su depuración supone la reducción de consumo de agua potable para fines como regar parques y jardines, limpiar a presión calzadas y aceras con vehículos con mangueras a presión y otros usos.

VI.6.1. Tipos de aguas residuales urbanas

Las aguas residuales corresponden a "aguas contaminadas", pues aparte de los elementos naturales o los agregados para hacer posible su uso por el hombre como el cloro, poseen una gran cantidad de elementos disueltos y sólidos en suspensión. Sin pretender hacer una clasificación exhaustiva y atendiendo a su origen, podemos mencionar tres tipos básicos de aguas residuales.

- Urbanas.
- Industriales.
- Agrícolas.

Dentro de las aguas urbanas, podemos distinguir dos tipos fundamentales:

- Aguas fluviales, que son aquellas de la escorrentía superficial provocada por precipitaciones. Los elementos contaminantes se incorporan al agua al atravesar la atmósfera o por lavado de superficies. Son las aguas procedentes del alcantarillado.
- Aguas negras o urbanas, que son las procedentes de vertidos de la actividad humana doméstica y comercial.

VI.6.2. Depuración de aguas residuales

La depuración de las aguas urbanas para que puedan ser reutilizadas en regadío o verterlas de nuevo a los cauces de agua existentes es una tarea primordial para poder disminuir los residuos urbanos.

Dentro de las aguas residuales hay dos tipos sustancias: las insolubles y las solubles. Las sustancias insolubles, sean orgánicas o inorgánicas, suelen someterse a procesos mecánicos para su eliminación, como son:

- Flotación.
- Sedimentación.
- Filtración.

Las sustancias disueltas pueden ser orgánicas o inorgánicas. Las sustancias orgánicas pueden ser biodegradables o no biodegradables, sometiendo a estas últimas a tratamientos similares a las sustancias inorgánicas que son procesos fisicoquímicos, tales como:

- Adsorción.
- Separación por membrana.
- Intercambio iónico.
- Precipitación-floculación.
- Oxidación química.

Las sustancias orgánicas biodegradables suelen someterse a procesos aeróbicos o anaeróbicos.

VI.7. Residuos sólidos

Dentro de los residuos sólidos urbanos, cuya responsabilidad de recogida, transporte, almacenamiento o eliminación corresponde a los ayuntamientos, podemos distinguir:

- Domiciliarios.
- Comerciales o de servicios.
- Sanitarios u hospitalarios.
- Limpieza diaria de vía y zonas verdes o recreativas.
- Muebles, vehículos, animales muertos y otros enseres.
- Industriales y de construcción.

Los sistemas de tratamiento aceptados corresponden a:

- Selección en origen (orgánico, envases…).
- Vertido controlado con o sin trituración previa.
- Compostaje.
- Reciclaje (papel, vidrio…).
- Incineración.

Casi todos los programas de disminución de residuos sólidos se basan en la selección en origen, pues es en ese punto, implicando al ciudadano que genera los residuos, lo que puede ser más eficaz para reutilizarlos o reciclarlos. Todos conocemos los contenedores de vidrio y papel, que son materiales reciclables en su totalidad. Los residuos orgánicos pueden ir a triturar para la obtención de abono (compostaje), o biomasa para la obtención de energía eléctrica, aunque antes hay que eliminar las bolsas de plástico en las que se depositan en cada domicilio. En Alemania, por ejemplo, los residuos orgánicos deben de entregarse en bolsas de papel por lo que no requieren operaciones previas de retirada de bolsas antes de su trituración.

La incineración como método de eliminación de residuos sólidos es un sistema que requiere que la emisión a la atmósfera de gases sea totalmente controlada, de ahí que la legislación sobre las emisiones sea enormemente restrictiva, en particular las dioxinas y los hidrocarburos aromáticos especialmente cancerígenos. En cuanto a los residuos sólidos resultantes, son inertes, por lo que su eliminación, si no se encuentra ninguna otra utilidad, puede hacerse en vertederos controlados, recubriendo luego con tierra para que pueda plantarse algún tipo de vegetación.

VI.8. Energía

La energía que entra en una ciudad, aparte de la solar, es energía de primera calidad sea eléctrica o fósil, mientras que la propia ciudad emite gran cantidad de energía degradada en forma de calor no aprovechable que es lo que hace subir la temperatura del entorno urbano tres o cuatro grados.

De la energía solar, no se aprovecha en la actualidad prácticamente nada. Solo en algunas azoteas se han montado algunos paneles de células fotovoltaicas cuya rentabilidad es escasa debido a su elevado coste. Sin embargo, se han diseñado viviendas unifamiliares autosuficientes desde el punto de vista energético, utilizando no solo energía fotovoltaica sino también energía solar térmica para obtener toda la energía eléctrica requerida. Sin embargo, a nivel general urbano, en las nuevas edificaciones, podrían utilizarse los materiales de cambio de fase (PCM), o también llamados materiales con inercia térmica, que por su inercia en el paso de sólido a líquido adquieren gran cantidad de calor durante el intervalo diurno y lo ceden en el nocturno, siendo la temperatura del proceso función del tipo de material concreto pudiendo elegirse el material más idóneo en función de la temperatura deseada. De esta forma, en vez de reflejar todo el calor del sol como ocurre con los materiales actuales, podrían acumularlo y cederlo cuando fuera conveniente. Los países desarrollados han implantado un concurso a nivel nacional e internacional entre sus universidades para tratar de definir un edificio eficiente desde el punto de vista energético y, aunque todavía esto está lejos de aplicarse en la actualidad, cada vez estamos más cerca de aprovechar algunos de los logros obtenidos en la nueva edificación.

VI.9. Ejercicios

1. La ciudad jardín, ¿es un proyecto defendible desde el punto de vista medioambiental?
2. ¿Qué número de árboles por habitante habría que plantar en una ciudad para disminuir la concentración de CO_2 generada por vehículos y calefacciones?
3. Define un índice de calidad de vida ligado al medio urbano a través de indicadores como sueldo, vivienda…
4. ¿Cuáles podrían ser las acciones que podrían aumentar en mayor medida la movilidad en las ciudades?
5. ¿Puedes describir algún tipo de incineradora que permitiese su utilización para generación de electricidad?
6. Describe las fases de que puede constar una depuradora de aguas residuales.
7. ¿Qué podría hacerse con los residuos sólidos debidos a vehículos para disminuir los cementerios de coches?
8. Sitúate en el futuro y proyecta un edificio autosuficiente desde el punto de vista energético.

9. ¿Conoces la reglamentación sobre ruido urbano y cuáles son los límites de nivel sonoro admisible?

10. ¿Conoces alguna reglamentación sobre emisión de radiación electromagnética? ¿Debería limitarse el uso del teléfono móvil?

CAPÍTULO VII: Normativa y legislación medioambiental

VII.1. Introducción

El término "normalizar" significa, simplemente, poner orden en el caos. Si queremos precisar un poco más, podemos definirlo como redactar, publicar e implantar normas, teniendo en cuenta que una norma corresponde a una especificación técnica u otro documento, establecido y aprobado por quien tiene capacidad para ello, y con el consenso de las partes interesadas.

Las características que ha de poseer son:

- Ser clara e inteligible.
- Ha de especificar a qué o quién se aplica.
- Ha de poder ser revisada.

Los beneficios que produce la utilización de normas son de muy diversa índole, pudiendo destacar los siguientes:

o Potencian el comercio.
o Aumentan la productividad, especialmente en el diseño.
o Facilitan la libre competencia, por lo que favorecen el mercado.

Realmente, desde el inicio de los procesos de fabricación en serie, se ha recurrido a la normalización tanto de productos como de servicios o de sistemas.

Toda normativa es de aplicación voluntaria, cuando es de obligado cumplimiento constituye un reglamento, es decir, un requisito legal que hay que cumplir.

El término legislación, tal como recoge el diccionario, corresponde al conjunto de leyes por las cuales se gobierna un Estado o una materia determinada. En nuestro caso concreto, corresponde a esta segunda acepción, conjunto de leyes por las que se regula la actividad medioambiental. Toda ley aprobada por el organismo competente, que como veremos para la actividad medioambiental son varios y cada uno tiene adjudicadas particulares competencias, se desarrolla a través de reglamentos, que corresponden a las reglas o preceptos que la autoridad competente se da para la ejecución de una ley, y que se diferencian esencialmente de las normas, porque los reglamentos son de obligado cumplimiento.

NORMALIZACIÓN = ACTIVIDAD ENCAMINADA AL ESTABLECIMIENTO DE CRITERIOS UNIFICADOS EN UN ÁMBITO DE ACTUACIÓN RESPECTO A PRODUCTOS, ACTIVIDADES Y SERVICIOS, UTILIZANDO UN LENGUAJE COMÚN

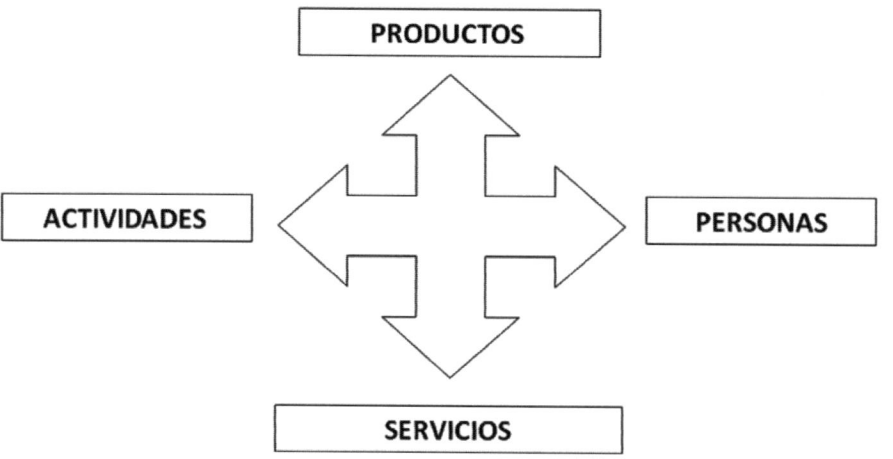

Las características que han de poseer los reglamentos son:

- Ser claro e inteligible en sus reglas o preceptos.
- Especificar claramente a quién atañen esas reglas y preceptos.
- Han de ser cumplidos en su totalidad, pues su infracción siempre conduce a la imposición de un castigo, que en muchos casos puede ser penal.

VII.2. Organismos de normalización

Toda empresa puede, y de hecho muchas de ellas lo hacen, redactar y aplicar normas de carácter interno que a veces proporciona a sus proveedores. Sin embargo, este tipo de normas son restringidas, y en general carecen de uno de los requisitos fundamentales que deben tener las normas que es la accesibilidad, es decir, libre acceso al contenido de las mismas preservando las leyes existentes sobre la propiedad intelectual.

Otro tipo de normas como las SAE o ASTM corresponden a normas sectoriales, las primeras en automoción, las segundas en el campo de los ensayos de materiales, editadas por grandes sociedades corporativas y que, en general, suelen ser fundamentalmente técnicas y universalmente aceptadas, por lo que su conocimiento y aplicación, sobrepasa el sector para el que fueron escritas.

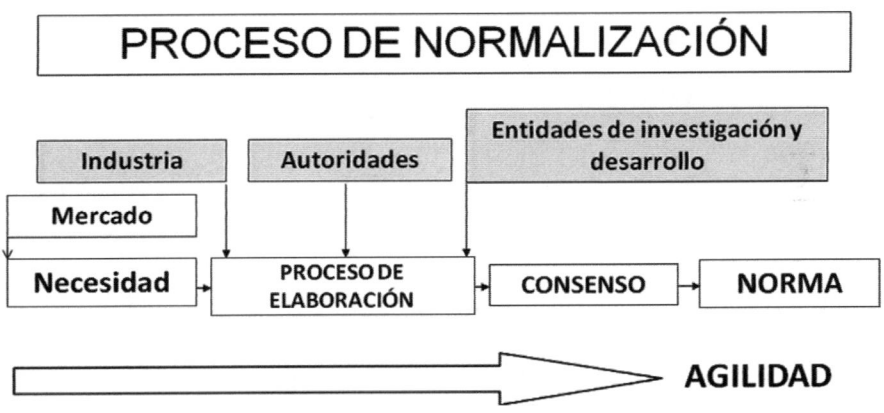

Las primeras normas de carácter nacional se editaron fundamentalmente con objeto de frenar las importaciones, es decir, para proteger a la industria nacional, y aún hoy algunas de las normas existentes se siguen editando con este fin. De una forma amplia se pretende evitar la libre comercialización de productos, por lo que cada norma debe cumplir alguno de los requisitos siguientes:

- Las medidas impuestas, que deberían afectar por igual a los productos importados y a los internos, lo hacen más duramente sobre los primeros.
- El origen del producto influye en la medida que imponer al mismo.
- La medida impuesta afecta únicamente y de forma negativa a los productos externos.

El resultado de este tipo de normalización es imponer multitud de barreras al libre comercio, barreras que están enquistadas en los diferentes países y que, de una u otra manera, han configurado los intercambios comerciales en la sociedad.

Hoy en día, con el tratado de libre comercio, se trata de aplicar normas internacionales aceptadas por consenso y conocidas por todos los países, aunque a veces no aplicadas con igual rigor, de ahí que en ocasiones como, por ejemplo, como ha ocurrido con la composición de la pintura superficial de juguetes infantiles fabricados en China que, por no cumplir la normativa internacional en cuanto a concentración de plomo, ha obligado a retirar todos los juguetes de los mercados de todos los países de la Unión Europea. Esto nos indica que la normativa actual establece como única barrera al comercio, solo requisitos técnicos, fundamentalmente relacionados con la salud y la seguridad.

VII.2.1. La normalización española

El Instituto Nacional de Racionalización del Trabajo (IRATRA), creado en 1946 por el Consejo Superior de Investigaciones Científicas (CSIC), dependiente del Ministerio de Educación y Ciencia, fue el primer organismo dotado de un Departamento de Normalización que recogía la herencia de la Asociación Española de Normalización, asociación fundamentalmente industrial, creada en 1935.

En 1974 se convierte en organismo de normalización, adoptando el nombre de Instituto Español de Racionalización y Normalización (IRANOR), que más adelante se denominará Instituto Español de Normalización, que será el responsable de la redacción y edición de las normas UNE (Una Norma Española).

En la década de los ochenta, ante la incorporación a la Comunidad Europea, se hace necesaria la unificación de la normativa a nivel de todos los países de la unión, considerándose entonces la necesidad de racionalizar la normalización como herramienta ordenadora e impulsora de la actividad económica dentro del ámbito europeo, por lo que se crea la Comisión Interministerial de Normalización y Certificación, con el objetivo de coordinar y adecuar los distintos programas de los ministerios afectados, ordenando y priorizando su actividad en ese campo. En 1983 se modifica y amplía el objetivo de la Comisión Interministerial, encargándole la función de elaborar el Plan Nacional de Normalización, con el concurso de todos los departamentos ministeriales involucrados.

En 1985, el Real Decreto 1614/1985, crea el Consejo Superior de Normalización disolviendo la Comisión Interministerial, encargándole, entre otros cometidos, informar del Plan Anual de Normas que integrará las propuestas de los diversos ministerios y de las asociaciones normalizadoras reconocidas.

AENOR (Asociación Española de Normalización) se crea con base en el Real Decreto 1614/1985, que establece el nuevo modelo para el fomento y desarrollo de las actividades de normalización y certificación, otorgando un respaldo legislativo a sus actividades, enmarcándolas en el ámbito privado con el fin de darles una orientación puramente empresarial. El respaldo administrativo se consigue mediante la creación de la Norma Oficial UNE que, por primera vez, se incorpora al ordenamiento jurídico para su aplicación por la Administración Pública.

La Orden Ministerial de 26 de febrero de 1986, que desarrolla el RD (Real Decreto) mencionado, designa a AENOR como la entidad reconocida para el desarrollo de las actividades de normalización y certificación, así como la entidad encargada de elaborar las Normas UNE. Por otra parte, y en el ámbito de la certificación, el RD 2200/1995, al amparo de la Ley 21/1992, reconoce a AENOR su actuación como Entidad de Certificación.

AENOR

AENOR es miembro de los organismos de normalización regionales e internacionales más relevantes: ISO, CEI, CEN, CENELEC, y ETSI. Su estructura consta de:

- 1. Asamblea general: es el máximo órgano de AENOR y en ella están representados todos los miembros a través de las vocalías que la componen. La Asamblea General, abierta a cualquier entidad o persona, pública o privada, con interés en las actividades de normalización y certificación, ratifica el ingreso de los solicitantes. Los miembros se clasifican en las siguientes categorías:

  o Miembros corporativos, asociaciones profesionales, empresariales o de consumidores y usuarios.
  o Miembros de honor, con méritos destacados en la potenciación de la normalización y certificación.
  o Miembros adheridos, empresas y entidades, organismos públicos, siempre y cuando no estén ya incluidos en otra categoría.
  o Miembros individuales, personas físicas que cumplan los requisitos correspondientes.

- 2. Junta Directiva: es el órgano de gobierno de la Asociación y está constituida por un número máximo de vocalías (70) entre las que se encuentran los representantes de la Administración Pública.

- 3. Comisiones de Normalización y de Certificación: tienen representantes de todos los sectores implicados, planificando y coordinando los trabajos de normalización, a la vez que propone la creación de los Comités Técnicos sectoriales de Normalización (CTN).

- 4. Los Comités Técnicos sectoriales: son los responsables de la elaboración de las normas UNE, y de seguir los trabajos de otros comités técnicos, enmarcados en organismos de ámbito regional europeo (CEN/CENELEC), o internacional (ISO/CEI), participando en sus trabajos, así como proponiendo la aceptación o rechazo de los comentarios a los documentos propuestos por estos organismos.

Existen más de un centenar de Comités Técnicos, formados cada uno de ellos por todos los sectores implicados (Administración, fabricantes, consumidores…), y encuadrados por sectores, siendo responsabilidad del comité la actividad de normalización en su ámbito de actuación.

Los comités están constituidos por vocales, un presidente y una secretaría, la cual gestiona su actividad, y puede estar desempeñada por los servicios de la propia asociación o por otros miembros de AENOR con los que se haya acordado tal colaboración.

Los Comités Técnicos pueden crear grupos de trabajo de apoyo, encargándose de la elaboración de proyectos de normas y de sus revisiones.

AENOR ofrece sus servicios a través de cuatro divisiones:

- Normalización.
- Certificación.
- Medioambiente.
- Comercial.

AENOR es el organismo acreditado por la Administración Pública española para aprobar normas nacionales UNE, reconocidas por la Comisión Europea como medio para el cumplimiento de los requisitos exigidos en las directivas o directrices europeas.

En su vertiente como entidad de certificación, AENOR ha desarrollado una amplia gama de marcas de certificación en el ámbito voluntario:

- Productos.
- Servicios.
- Sistemas de calidad.
- Sistemas de medioambiente.

De la misma manera, AENOR está reconocida como Entidad CE (Certificación), y N+H (Normalización y Homologación).

El procedimiento que se utiliza para la redacción y emisión de nuevas normas es:

1. Una vez definida la voluntad de elaborar una nueva Norma UNE, bien por decisión interna o integrada en el mecanismo de elaboración

de normas europeas, el procedimiento se inicia con la recopilación previa de documentación, de otras normas, etc.

2. El Comité Técnico, a través de sus grupos de trabajo, elabora el proyecto de norma teniendo en cuenta los aspectos técnicos, legales, semánticos y de cualquier otro tipo, y siempre buscando el máximo acuerdo entre sus integrantes representativos de todos los sectores de la actividad.

3. Llegado a un acuerdo, el proyecto consensuado se hace público mediante su aparición en el Boletín Oficial del Estado con el fin de que cualquier organismo o persona en el ámbito europeo pueda presentar, en un plazo preestablecido, modificaciones, impugnaciones o comentarios al proyecto difundido.

4. Terminado el plazo de comentarios, el Comité Técnico correspondiente estudia y considera cada uno de ellos y en su caso los incorpora elaborando la propuesta de norma final para su aprobación por AENOR.

5. El último paso consiste en la publicación de la Norma UNE, notificándola a BOE, promocionándola y difundiéndola a través de los servicios del organismo.

VII.2.2. La normalización europea

El Comité Europeo de Normalización (CEN) fue creado en 1961, y su creación se debe al deseo de los países europeos de crear una estructura autónoma de normalización que coordine los esfuerzos de los diversos países con el objetivo básico de armonizar la normativa europea. Sin embargo, el CEN tiene como objetivo no solo la armonización de normas existentes en el ámbito europeo y la creación de nuevas normas, sino también impulsar y armonizar los procesos de acreditación y certificación.

Desde la década de los ochenta, juntamente con el Comité Europeo de Normalización Electrotécnica (CENELEC), y el Instituto Europeo de Normas de Telecomunicaciones (ETSI), el CEN se ha convertido en una herramienta fundamental utilizada por la Comisión Europea para desmontar las barreras técnicas entre los países europeos y facilitar el libre intercambio de productos y servicios entre ellos. Esto ha hecho que el CEN haya conocido una etapa de gran actividad en la normalización y armonización desde finales de los ochenta, debido al impulso que la sociedad en general, y las administraciones públicas en particular, han impuesto a la actividad de normalización como herramienta integradora de los mercados.

CEN

Estructura:

Los miembros del Comité Europeo de Normalización (CEN) se constituyen en dos categorías distintas:

- Miembros nacionales, con voz y voto, correspondientes a los Organismos Nacionales de Normalización de los países de la Unión Europea.
- Miembros asociados, categoría creada en 1992, con voz y sin voto, pudiendo optar a ella cualquier organización europea representativa de intereses económicos y sociales con especial interés en el fomento de la normalización y contribuir eficazmente a su expansión.

El CEN permite e impulsa la participación de sindicatos y organizaciones de consumidores en sus actividades. Esta participación se encauza a través de la representación de estos en los propios organismos nacionales, así como en los comités técnicos sectoriales y mediante la comunicación abierta entre su Secretaría General y las organizaciones sindicales europeas. Con el fin de optimizar el aprovechamiento de los recursos disponibles en Europa para la normalización, el CEN utiliza la figura de las Entidades Asociadas de Normalización (ASB, Associated Standardising Bodies), que no forman parte estrictamente de la estructura del comité. Estas entidades son organismos europeos independientes relacionados con actividades de normalización provenientes de sectores industriales específicos.

La actividad del CEN recae sobre la Secretaría General, de la que dependen la Oficina Técnica y el Comité de Certificación (CENCER), responsables de la coordinación de la actividad técnica y de los procedimientos de adopción de normas y de certificación.

El Consejo Técnico controla el programa de normalización y mantiene abierta la comunicación con otras organizaciones también interesadas por estas materias, como la Comisión Europea, la Secretaría de la Asociación del Libre Cambio y los otros organismos europeos de normalización reconocidos, el CENELEC y el ETSI.

En el aspecto de normalización, la actividad técnica recae sobre los numerosos comités técnicos existentes, que son los realmente responsables de la elaboración de normas en los diferentes sectores. Estos comités están abiertos a la participación activa de personas expertas provenientes de cualquier área de la sociedad interesada en el área que normalizar, como pueden ser la industria, las entidades de investigación, los consumidores, la Administración Pública, los sindicatos, etc. Cada comité técnico tiene una secretaría ocupada por algún miembro nacional del CEN y una presidencia, generalmente ocupada por un experto reconocido en el ámbito de la actividad competencia del comité.

Debido al volumen de la actividad de normalización y del número y diversidad de los agentes que en ella están interesados, así como de las múltiples interrelaciones entre ellos, aparecen unas figuras nuevas, los comités sectoriales (BTS), y unos comités de programación (PC), cuya función es la coordinación, la facilitación y el diseño de los planes de normalización del

CEN, llegando a involucrar a multitud de comités técnicos cuando en la actividad que normalizar están afectados una gran variedad de sectores.

El CEN publica las Normas Europeas (EN) que, una vez aprobadas, deben ser adoptadas íntegramente por cada uno de los organismos nacionales de normalización, obligando de forma automática a la cancelación de cualquier norma nacional que contradiga a la primera, aun en aquellos casos en los que alguno de los organismos nacionales la haya votado en contra.

Las normas (EN), que deben publicarse en las tres lenguas oficiales del CEN (inglés, francés y alemán), se numeran con las siglas "EN" seguidas de cinco dígitos indicativos del organismo emisor (CEN, CENELEC) y del origen de las mismas (comités técnicos europeos, nacionales, o internacionales [ISO], etc.).

La decisión de considerar la elaboración de una norma europea puede venir determinada por solicitud, bien de:

- Los organismos nacionales que forman parte del Comité Europeo de Normalización.
- Por mandato de la Comisión Europea en virtud de los acuerdos que con ella mantiene.
- Por las ABS, entidades de normalización asociadas a sectores específicos de la industria.

De esta manera, el CEN cumple con el requisito de mantener una estructura abierta que permita reconocer las necesidades latentes en la sociedad en materia de normalización, de forma tal que ya desde el inicio recoge y considera las necesidades normativas planteadas desde amplios sectores económicos y sociales.

Cuando el requerimiento se origina en un organismo nacional, el CEN procede a difundir la petición a todos sus miembros, recogiendo los puntos de vista de todos ellos y encargando al Comité Técnico la elaboración de la norma cuando el número de apoyos recibidos es superior a un mínimo estipulado.

Si quien efectúa la petición es la Comisión Europea, casi siempre con el fin de integrar la futura norma en las Directivas de Nuevo Enfoque mediante el conocido recurso de "remisión a normas", la Secretaría General define los plazos para la elaboración de la misma de acuerdo a la capacidad humana y financiera disponible, y a la urgencia política transmitida por la comisión.

Hecho esto, la secretaría se acoge a un contrato abierto con esta, encargando a la Oficina Técnica (BT, Bureau Technique) la elaboración de la Norma Europea de acuerdo a las exigencias del mandato, donde se establecen los requisitos esenciales y el objetivo de la norma, la posible utilización de documentos internacionales, los plazos de ejecución y en su caso los aspectos económicos del proyecto.

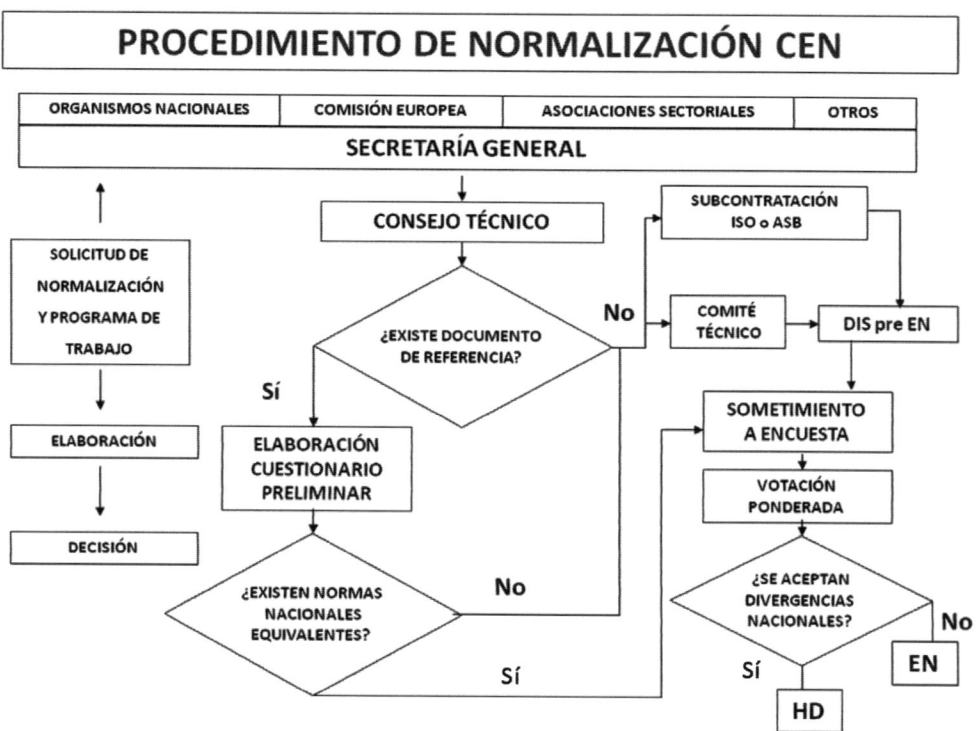

El proceso de elaboración consiste en lo siguiente:

1. Una vez la Secretaría ha encargado la elaboración de la Norma Europea, el Consejo Técnico debe decidir el procedimiento que seguir en función de la existencia o no de un documento que pudiera servir total o parcialmente como modelo para la nueva norma. En caso de existencia de dicho documento de referencia (generalmente, una norma internacional de amplia difusión y utilización en Europa), este

se remite a los organismos nacionales, acompañado por un cuestionario particular, con el fin de evaluar las diferencias entre ese documento y las normas propias de cada país.

2. Si el documento se demuestra equivalente, se procede a votación ponderada, incorporándose de forma inmediata como Norma Europa en caso de resultado positivo. En caso de que el documento no se haya mostrado como equivalente a las normas nacionales, se debe preparar un proyecto de norma siguiendo los pasos establecidos para el procedimiento completo.

   Cuando no se dispone de un documento de referencia, la norma debe ser elaborada por entero, pudiendo en este caso ser bien el Comité Técnico, formado por expertos en la materia el responsable de los trabajos, bien la propia Organización Internacional de Normalización, ISO, de acuerdo con el acuerdo de Viena, donde se establece el marco de colaboración entre el CEN y la ISO.

   Cuando se desea que la Norma Europea tenga un carácter internacional, se define por parte del CEN las condiciones básicas de dicha norma y los plazos de ejecución. Si ambos son asumibles por la ISO, el CEN transfiere a la primera la dirección del proyecto, asegurando siempre la presencia activa de un número de países europeos en los grupos de trabajo y manteniendo un seguimiento estricto a su desarrollo. En este caso, también se modifica el sistema de votación ISO para tener en cuenta la singularidad del origen de la norma, de acuerdo con el procedimiento llamado de "voto paralelo". En caso de que el camino anterior no fuera por algún motivo posible o de interés, es un Comité Técnico el encargado de elaborar la Norma Europea.

3. Finalmente, el documento elaborado (denominado prEN o DISprEN), se somete a encuesta pública (plazo típico de seis meses), durante la que se recogen los resultados de la discusión y los comentarios, volviendo al comité para, después de incorporarlos en la medida de lo posible, definir una propuesta final que se someterá a votación ponderada.

4. Cuando el resultado de la votación es positivo, la norma se adopta generalmente seis meses después de su aprobación, derogando toda otra que entre en contradicción con la primera, incluso por aquellos organismos nacionales que la hubieran votado negativamente. En caso de que en la votación las últimas cuatro condiciones no fueran satisfechas, se circunscribirá la votación a los países miembros de la Unión Europea, aprobándose la norma si las mismas quedan satisfechas en ese ámbito.

VII.2.3. La normalización internacional

La Organización Internacional de Normalización ISO, cuyo nombre no corresponde a acrónimo alguno, sino a la palabra derivada del griego *isos* (igual), es una organización no gubernamental que actúa como Federación de Organismos Nacionales de Normalización, aglutinando a más de 130 países.

ISO se financia gracias a las suscripciones de sus miembros (80 %) y a los ingresos producto de la venta de normas ISO y de otros documentos (20 %).

El objetivo último de ISO es el desarrollo de la normalización en todos los sectores a excepción del eléctrico, el electrónico y el de las telecomunicaciones, con el fin de facilitar el libre intercambio de productos y servicios en todo el mundo. Este objetivo lo consigue gracias a:

- La integridad y neutralidad de la organización, que le han proporcionado un reconocimiento por parte de otros organismos nacionales e internacionales.
- La aceptación de normas desarrolladas externamente pero ampliamente utilizadas.
- La eficacia en el reconocimiento de aquellas carencias en sectores específicos que puedan suponer problemas futuros en los intercambios económicos.
- La rápida respuesta a demandas del mercado o de las administraciones públicas para el desarrollo de programas específicos de normalización.

ISO nace en 1946, en Londres, donde delegados de veinticinco países decidieron la creación de una organización internacional cuyo objetivo fuese la facilitación de la coordinación internacional y la unificación de normas internacionales. Puede considerarse la heredera de la Federación de Asociaciones Internacionales de Normalización (ISA, Internacional federation of the national Standardizing Associations), creada en 1926 y desaparecida al inicio de la II Guerra Mundial.

ISO desarrolla una actividad continuada con un notable impulso en las últimas décadas debido principalmente a:

- La liberalización de los intercambios comerciales en todo el mundo hasta niveles nunca conocidos.

- La interrelación de sectores productivos.
- La aparición de nuevas tecnologías.
- El desarrollo industrial y económico de países de economías emergentes.
- La "privatización" de organismos de normalización históricamente ligados a agencias de Defensa.

Todos estos aspectos impulsan la Normalización Internacional, fomentando la utilización de normas ampliamente aceptadas que permitan su utilización como lenguaje para el comercio, en una gran diversidad de sectores productivos que ordenen y racionalicen nuevas tecnologías y que faciliten el asentamiento de los sectores productivos de los países emergentes.

ISO

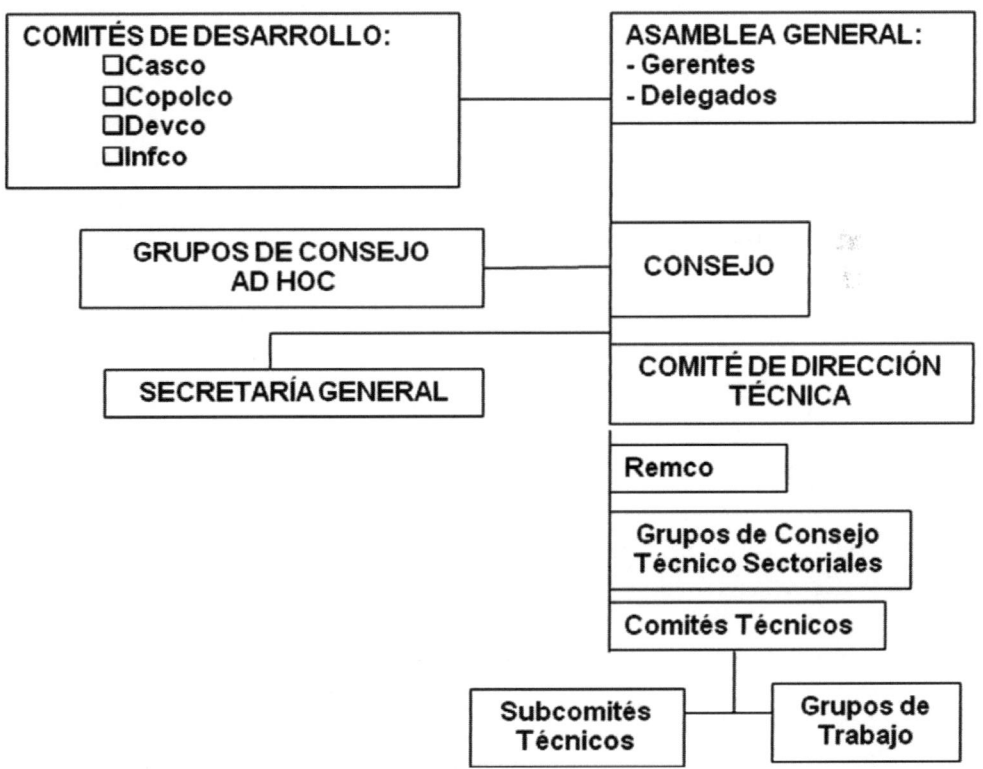

ISO es una extensa organización que aglutina a miembros de aproximadamente ciento treinta países con una gestión descentralizada soportada por sus miembros a través de las diferentes organizaciones nacionales. Está formada por miembros pertenecientes a tres categorías básicas:

1. Miembros de pleno derecho, entre los que se encuadran aquellos organismos nacionales más representativos de la actividad de normalización en su país, estando limitada la representación a un único representante por país. Estos miembros tienen el derecho a participar y votar en cualquier decisión técnica y política de ISO.
2. Miembros correspondientes, generalmente organizaciones que, aun no habiendo desarrollado una actividad de normalización nacional, sí están interesados en dicha actividad. Los miembros correspondientes no tienen una participación activa en los desarrollos técnicos y decisiones organizativas de ISO, pero tienen derecho a mantenerse informados.
3. Miembros suscritos, categoría en la que se integran los países con economías muy limitadas. Estos miembros tienen garantizado mediante el pago de pequeñas cuotas su vínculo con la organización internacional.

Asamblea General: está formada por los gerentes y por los delegados nominados por los miembros de pleno derecho. Las otras categorías de miembros pueden actuar como observadores. La Asamblea aprueba la política financiera y los planes estratégicos de la organización y la creación de comités consultores o de desarrollo estratégico.

Comités de desarrollo: creados por la Asamblea General y abiertos a la participación de los miembros de pleno derecho y correspondientes como observadores. Son los siguientes:

- CASCO: comité para la evaluación de la conformidad, cuyos objetivos son el estudio de los sistemas de evaluación de la conformidad de productos, servicios y sistemas, y de la preparación de guías internacionales sobre dicha actividad y sobre los organismos que en ella intervienen, así como impulsar el reconocimiento mutuo de los sistemas de evaluación de la conformidad. CASCO está autorizado a elaborar normas internacionales, siguiendo los procedimientos básicos ISO establecidos.
- COPOLCO: comité sobre política de consumidores, cuyo objetivo es la integración de este colectivo en las políticas de normalización.

- DEVCO: comité sobre asuntos de países en desarrollo, cuyo objetivo es la consideración de la normalización desde el punto de vista de estos países.
- INFCO: comité sobre servicios y sistemas de información, que se ocupa de los aspectos relacionados con la información de la organización.

El Consejo: es el órgano que gobierna la Organización y está formado por los gerentes (Principal Officers) y por dieciocho miembros de pleno derecho elegidos. El Consejo, presidido por el presidente o por el vicepresidente si así lo decide el primero, nombra al tesorero, a los doce miembros del Comité de Dirección Técnica (Technical Management Board), y a los presidentes de los Comités de Desarrollo.

Secretaría Central: la Secretaría actúa como tal de la Asamblea General, de los Comités de Desarrollo, del Consejo, del Comité de Dirección Técnica y de los Comités Técnicos. Tiene como función asegurar el flujo de documentación dentro de la organización, asistir a los presidentes y secretarías de los Comités Técnicos sobre asuntos técnicos y llevar a cabo el procedimiento establecido para la aprobación de normas (edición, remisión a los miembros y publicación). Por otra parte, coordina las reuniones de los Comités y Subcomités Técnicos.

Grupos ADHOC: los grupos de asesores ADHOC (ADHOC Advisory Groups), creados por el Presidente con la aprobación del Consejo, están formados por personas a título individual, de reconocido prestigio, pertenecientes a organizaciones con intereses en la normalización, y tienen como objetivo adelantar los fines y los objetivos de la organización.

Comité de Dirección Técnica (Technical Management Board): formado por un presidente, un secretario y doce miembros de pleno derecho elegidos por el Consejo, crea y disuelve los Comités Técnicos y los Grupos de Asesoría Técnica (Technical Advisory Groups), cuyos presidentes nombra, supervisa el desarrollo de los trabajos emprendidos y actúa como mediador entre la organización y la Comisión Electrotécnica Internacional (CEI) en los aspectos técnicos.

REMCO: el Comité de Materiales de Referencia fue creado en 1975, con el objetivo de cubrir los aspectos relacionados con los materiales, circunscribiéndose a este ámbito de actuación.

Grupos de Asesoría Técnica (Technical Advisory Groups): son creados por el Comité de Dirección Técnica como apoyo. puntual sobre asuntos específicos.

Comités Técnicos: son los órganos sobre los que descansan los trabajos técnicos de normalización de la organización y están formados por representantes de todos los sectores afectados. Al frente de cada uno de ellos se encuentra un presidente nombrado por el Comité de Dirección Técnica, y con la función de dirigir el grupo y llegar al consenso necesario. Cada comité está apoyado por una Secretaría que le ofrece apoyo administrativo y asegura la integridad de los procedimientos. Estas secretarías están formadas por los miembros de pleno derecho, consiguiendo de esta manera una estructura técnica muy descentralizada. Los Comités Técnicos están numerados y, en caso de disolución, su número no es reasignado. Los Comités Técnicos pueden crear Subcomités y grupos de trabajo para conseguir apoyos al trabajo de normalización en curso.

ISO/CEI desarrollan y aprueban normas internacionales en el ámbito voluntario de acuerdo a las necesidades de mercado. Las normas elaboradas por ISO cubren la totalidad de los sectores a excepción del eléctrico, el electrotécnico y el de las telecomunicaciones. Las normas elaboradas por CEI cubren los sectores eléctrico, electrotécnico y los de las tecnologías asociadas.

Las normas aprobadas por ISO/CEI pertenecen al ámbito voluntario y pueden ser adoptadas o no como nacionales.

El procedimiento de ISO, similar al de la Comisión Electrotécnica Internacional (CEI), es el siguiente:

1. Propuesta: la propuesta puede venir de muy diferentes orígenes, debido a la gran apertura a la sociedad que mantiene ISO. Una vez una propuesta de desarrollo de una norma internacional llega a ISO, es sometida a voto para decidir acerca de su inclusión o no en el programa de trabajo. Cuando la mayoría simple del Comité vota a favor y al menos cinco de sus miembros se comprometen a participar activamente en el proyecto (miembros P), la propuesta se acepta, nombrando entonces un responsable y estableciendo un programa de trabajo. Los miembros que se hayan comprometido a participar activamente en el proyecto

están obligados a asistir a las reuniones y a votar los borradores consensuados (DIS, Draft International Standard).

2. Preparación: generalmente el Comité Técnico forma un grupo de trabajo presidido por un responsable con la misión de preparar borradores de trabajo, presentados sucesivamente dentro del propio grupo hasta considerarlo óptimo para la resolución del problema propuesto. Consensuado este borrador, se envía al comité responsable, que lo registra en la Secretaría Central.

3. Aprobación proyecto de norma: la Secretaria General lo distribuye para comentarios y voto por los miembros participantes del Comité Técnico y si se alcanza el consenso necesario, el borrador pasa a ser un proyecto de norma internacional (DIS).

4. Encuesta: el DIS es enviado por la Secretaría Central a todos los miembros de pleno derecho de ISO para su aprobación o rechazo (5 meses) y su revisión como propuesta final. En esta fase se consideran los comentarios.

5. Aprobación: el DIS queda aprobado como final si obtiene al menos $^2/_3$ de los votos positivos de los miembros participantes del Comité Técnico responsable de su desarrollo y no más de $^1/_4$ de los votos negativos del conjunto del Comité Técnico. En caso de que no se consigan estas condiciones, el DIS es devuelto al Comité Técnico para reconsiderar la propuesta del mismo a la luz de los comentarios recibidos y su reelaboración. Una vez se han cumplido las condiciones anteriores, el DIS pasa a ser FDIS, proyecto final, y se circula a todos los miembros de pleno derecho por la Secretaría Central para votación definitiva (dos meses). En esta fase no se consideran los comentarios recibidos, aunque sí se registran para su consideración en futuras revisiones.

6. Publicación: la Secretaría Central publica la norma internacional en su texto aprobado con, en su caso, cambios menores de estilo y tipográficos.

7. Revisión: todas las normas son revisadas por los Comités Técnicos responsables con una periodicidad mínima de cinco años. La mayoría de los miembros participantes deciden entonces si la norma es mantenida, revisada o anulada. Cuando se dispone de un documento de referencia sólido que pueda utilizarse en sus líneas maestras como norma internacional, como pueda ser el caso de una norma desarrollada por otro organismo reconocido de normalización, es posible omitir algunas de las fases iniciales del procedimiento agilizando el proceso en su conjunto.

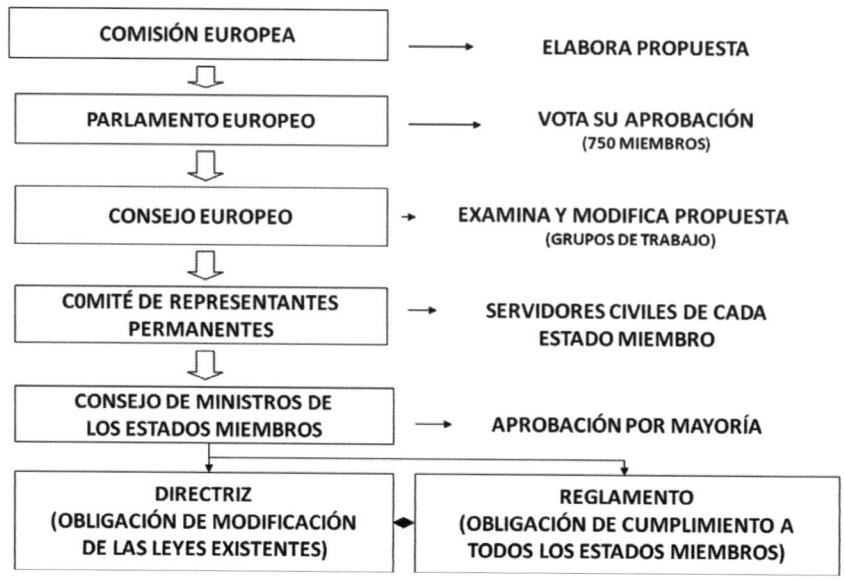

VII.3. Legislación

Toda norma de "obligado cumplimiento" se convierte en reglamento, y todo reglamento corresponde al desarrollo de una ley. Generalmente, el proceso legislativo se inicia con una propuesta de ley que se debate en las cámaras legislativas, y una vez aprobada es necesario desarrollar un reglamento constituido por todos los aspectos necesarios para la implantación de esa ley, es decir, una ley es papel mojado si no se indica el cómo, el qué, el a quién, el cuándo y el dónde ha de aplicarse.

Toda legislación que pretende regular una determinada materia es algo totalmente dinámico, es decir, nunca se puede considerar completa ni inamovible, y esto quiere decir que sería inútil recoger aquí toda la legislación que atañe al medioambiente. Vamos solo a mencionar las primeras leyes o directrices emitidas por los organismos competentes en la materia (Parlamento Europeo, Estado español, Comunidades Autónomas y Ayuntamientos), indicando solo de qué competencias goza cada organismo.

VII.3.1. La legislación europea

La Unión Europea, desde su fundación, ha ido incorporando nuevos países, cada uno de ellos con su propia legislación, por lo que una de sus principales tareas en este campo la constituye, más que la formulación de nuevas leyes que den lugar a nuevos reglamentos, la homogeneización de las leyes existentes en cada país miembro.

La Comisión Europea es la que elabora las propuestas de ley, y las presenta al Parlamento Europeo para su aprobación. Si sus miembros, actualmente setecientos cincuenta aprueban por mayoría simple dicha propuesta de ley, se remite a los grupos de trabajo pertenecientes al Consejo Europeo, quien examina y modifica, si lo considera conveniente, la propuesta, remitiendo esta al Comité de Representantes Permanentes que son representantes civiles permanentes de los estados miembros. Esta propuesta de ley y su reglamento correspondiente es remitida al Consejo de Ministros de los estados miembros, quienes deben aprobarlo por mayoría. Si no es aprobado, se vuelve a enviar al Consejo para su revisión, y si se aprueba se convierte en reglamento obligatorio aplicable a todos los estados miembros como, por ejemplo "Sistema de Homologación de vidrios de seguridad para vehículos", o en directriz, si alguno o varios de los estados miembros ha legislado con anterioridad sobre el mismo tema. Una directriz corresponde, pues, para cada estado miembro, a una guía para la modificación de sus leyes y reglamentos, y su acomodación a lo aprobado por el conjunto.

En muchos casos, como por ejemplo en la legislación medioambiental, la Comisión Europea acude a la normativa ISO o EN, adoptando una norma en vigor como directriz. Eso es lo que ocurre en el caso específico de "calidad" o "medioambiente", normas de las series ISO 9000 e ISO 14000, respectivamente, de cuyos Comités Técnicos (CT 176, y CT 207) ostentan su Secretaría General países miembros de la Unión Europea.

En cuanto a la legislación de partida sobre impacto ambiental, la legislación europea inicial corresponde a:

DIRECTIVA 85/337/CEE, del 27 de junio de 1985, del Consejo Europeo, en la que se indica lo siguiente: "Los efectos de determinados proyectos sobre el medioambiente han de evaluarse para proteger la salud, contribuir a mejorar el entorno, la calidad de vida, velar por el mantenimiento de la diversidad de especies y conservar la capacidad de reproducción del ecosistema como recurso fundamental de la vida".

TRATADO CONSTITUTIVO DE LA COMUNIDAD EUROPEA vigente hasta el 1 de diciembre del 2009. Recogía lo siguiente:

- En el Artículo 6 : "Las exigencias de la protección del medioambiente deben incluirse en la definición y realización de las demás políticas y acciones de la CEE para fomentar un desarrollo sostenible".
- El Título XIX, correspondiente a los Artículos 174, 175 y 176, se refiere al medioambiente indicando que la política ambiental se refiere a:
  o La conservación, la protección y la mejora de la calidad del medioambiente.
  o La protección de la salud de las personas.
  o La utilización prudente y racional de los recursos naturales.
  o El fomento de medidas a escala internacional destinadas a hacer frente a los problemas regionales o mundiales del medioambiente.
  o La política de la comunidad en el ámbito del medioambiente tendrá como objetivo alcanzar un nivel de protección elevado, teniendo presente la diversidad de situaciones existentes en las distintas regiones de la comunidad. Se basará en los principios de cautela y de acción preventiva, en el principio de corrección de los atentados al medioambiente, preferentemente en la fuente misma, y en el principio de quien contamina paga.

En cuanto a la Evaluación Estratégica, la Directiva 2001/42/CE del Parlamento Europeo y del Consejo recoge la necesidad de la misma, y complementa las directivas 85/337/CEE del 3 de marzo de 1997, 97/11/CE y 2003/35/CE, sobre necesidad de evaluar el impacto ambiental de programas y proyectos.

En cuanto a la regulación de la actividad medioambiental para las organizaciones, incluidas las empresas, el Reglamento 761/2001/CE que modifica el Reglamento 1836/93/CEE, recoge los requisitos para poder adherirse con carácter voluntario, al Sistema Comunitario de Gestión y Auditoría, programa EMAS, y con ello poder disponer de las ayudas comunitarias que para el "desarrollo sostenible" concede.

Gran parte de la normativa ISO de la serie 14000 inicialmente las aprobó el Parlamento Europeo, para luego convertirlas en reglamento. Mencionamos las que afectan al etiquetaje y embalaje ecológico, las que afectan al reciclado de residuos urbanos, y una larga lista que a nivel de cada país de la unión ha tenido que convertir en ley.

VII.3.2. Legislación española

La estructura autonómica de nuestro país, y, especialmente, la distribución de competencias en cuanto a legislación y reglamentación, hace mucho más difícil una posible unificación de la reglamentación medioambiental, y así, algo que puede ser delito en Cataluña puede no serlo en Extremadura. Además, las competencias que las comunidades autónomas reclaman al Estado cuando reforman sus estatutos de autonomía son cada vez más, como la gestión de los ríos y costas, los Institutos de Meteorología, aunque por ejemplo, en el primer caso, el Tribunal Constitucional ha declarado como inconstitucional que en el Estatuto de Andalucía figure que dicha comunidad es responsable del Guadalquivir. Además, las Administraciones locales, es decir, los ayuntamientos, tienen también competencias reconocidas en lo referente al medioambiente, como es la recogida de basuras urbanas y de productos tóxicos, aceites usados entre otros. Es tan grande el sinsentido de todo esto que la única salida viable sería dejar en manos europeas toda la legislación y reglamentación medioambiental.

Aunque en nuestro país todavía no se han derogado todas las leyes que afectan al medioambiente anteriores a nuestra entrada en la Unión Europea como, por ejemplo, Ley 1/1970 del 4 de abril sobre caza, otras si han sido derogadas o modificadas para adaptarlas a las directivas europeas como la Ley 8/1957, sobre montes.

Pero, además de las leyes, hay que tener en cuenta los decretos, las órdenes y las normas, por lo que, realmente, ante la imposibilidad de mencionarlas todas, nos limitaremos a indicar las competencias que en la regulación medioambiental tienen las distintas administraciones. Según la Legislación española, las competencias reconocidas de cada una de las tres Administraciones son:

COMPETENCIAS DE Medioambiente DEL GOBIERNO CENTRAL:

1. Elaborar la normativa básica en materia de medioambiente así como su aplicación en el ámbito de la administración del Estado.
2. Coordinar y concertar las acciones necesarias con las comunidades autónomas en este campo.
3. Establecer las relaciones necesarias con la Unión Europea y los organismos internacionales para desarrollar la política medioambiental de acuerdo a los compromisos adquiridos.

4. Ejecutar la política hídrica del Gobierno.
5. Proteger, gestionar y administrar los bienes del dominio público marítimo.
6. Analizar, predecir y efectuar el seguimiento de los parámetros meteorológicos.

Estas tres últimas competencias están reclamadas por las comunidades autónomas y procuran introducirlas camufladas en la modificación de sus estatutos. En general, salvo políticas como el Plan Hidrológico, o el Plan Energético Nacional, nunca elaborado pero muy necesario, así como un Plan General de Transportes, de Costas, y muchos otros con objeto prioritario de marcar las directrices para el desarrollo de una política medioambiental coherente y similar en todas las comunidades autónomas, la labor legislativa y reglamentaria se reduce a traducir la reglamentación de Unión Europea.

COMPETENCIAS DE LAS COMUNIDADES AUTÓNOMAS

- Capacidad para desarrollar la legislación básica del Estado, y dictar las normas adicionales de protección, y con competencias ejecutivas en materia de medioambiente (Ley Orgánica 9/1992).

Realmente, esta competencia esta tan poco claramente delimitada que cada comunidad desarrolla un cuerpo legislativo propio que es lo que posibilita la disparidad de criterios, especialmente sancionadores en las distintas comunidades autónomas.

COMPETENCIAS DE LOS MUNICIPIOS

1. Protección civil, prevención y extinción de incendios.
2. Ordenación, gestión, ejecución y disciplina urbanística.
3. Protección del medioambiente.
4. Protección de la salubridad pública (control de alimentos y bebidas).
5. Suministro de agua y alumbrado público, servicio de limpieza viaria, recogida y tratamiento de residuos, alcantarillado y tratamiento de aguas residuales.

A través de ordenanzas municipales se establecen criterios para:

- Emplazamiento y concesión de licencias de actividades industriales.

- Control de la contaminación atmosférica.
- Gestión y control de residuos sólidos urbanos.
- Explotación y mantenimiento de depuradoras municipales así como control de vertidos industriales en colectores del municipio.

VII.4. Ejercicios

1. Redacta una norma sobre la recogida de residuos clasificándolos, y que además establezca las condiciones para su reciclado o eliminación.
2. Redacta un reglamento para lo mismo.
3. Redacta una norma sobre la medida de la contaminación acústica en las obras lineales (carreteras y ferrocarriles).
4. Redacta una norma sobre costas.
5. Busca leyes o decretos sobre la regulación de la contaminación acústica en autopistas y autovías.
6. Busca normas sobre reciclado.
7. ¿Qué opinión tienes sobre la regulación medioambiental de la Unión Europea?
8. ¿Qué competencias sobre medioambiente atribuirías al Estado?
9. ¿Qué competencias sobre medioambiente atribuirías a las comunidades autónomas?
10. ¿Qué competencias sobre medioambiente atribuirías a los Ayuntamientos?

CAPÍTULO VIII: La gestión medioambiental en la empresa

VIII.1. Introducción

Las comunidades autónomas tienen las competencias para legislar sobre las actividades empresariales que deben someterse a calificación ambiental para poder empezar su actividad económica. Prácticamente, al menos en la Comunidad de Madrid, se recogen todas las actividades industriales e incluso comerciales, es decir, cualquier actividad, como por ejemplo la distribución de películas o alquiler de material cinematográfico requiere para su apertura, someterse a la evaluación o calificación ambiental y, una vez evaluada, para poder desarrollar su actividad. La posibilidad de cierre o sanción es, pues, el primer motivo económico que toda empresa tiene para adoptar un sistema de gestión ambiental que permita su positiva evaluación o calificación ambiental, es decir, permita obtener el consecuente permiso de apertura.

Una vez impuesta legalmente la necesidad de contar con un sistema de gestión ambiental, las estrategias posibles con las que la empresa debe afrontar la implantación de dicho sistema son:

- Estrategia de reacción, es decir, retirar o limpiar lo generado en el sistema productivo.
- Estrategia preventiva, es decir, prevenir la polución y reducir consumo de materia y energía.

En general, estas estrategias no son excluyentes, sino que usualmente se suplementan. Sin embargo, la estrategia preventiva es siempre más económica que la estrategia de reacción, y un sistema de gestión ambiental trata fundamentalmente de prevenir.

Un sistema de gestión ambiental ofrece las siguientes ventajas:

1. Ventajas medioambientales y de cumplimiento de la legislación.
   - Alto nivel de protección al medioambiente.
   - Mejora continua del comportamiento de la organización frente al medioambiente.
   - Desarrollo de una política medioambiental activa.
   - Identificación de los problemas de incumplimiento de la legislación vigente.
   - Verificación de la legislación medioambiental vigente.
   - Minimización o eliminación de las responsabilidades por daños al medioambiente.
   - Puesta en marcha de iniciativas de protección medioambiental.
2. Ahorro de costes.
   - Control y optimización del consumo de materias primas.
   - Control y optimización del consumo de agua.
   - Control y optimización del consumo de energía.
   - Ahorro de recursos.
   - Identificación y gestión de costes ambientales.
   - Optimización de costes derivados de la gestión y tratamiento de residuos, vertidos y emisiones.
   - Reducción de gastos de embalaje, transporte y almacenamiento.
   - Ahorro de costes adicionales asociados a la contaminación (multas, tasas, cánones…).
   - Ahorro en la reparación de daños ambientales.
   - Disminución de riesgo de accidentes.
   - Facilidades para la obtención de ayudas y subvenciones.
   - Definición de medidas de coste efectivas con base en un mejor conocimiento de la actividad.

A estas cuestiones habría que añadir una serie de costes "intangibles" como imagen de marca, captación de clientes, aumento de confianza de partes interesadas (legisladores, clientes, consumidores, empleados).

Aunque cada empresa, según su actividad, puede producir impactos ambientales muy diversos, pues una industria petroquímica no tiene nada que ver con una industria de envasado de alimentos, ni una depuradora con una industria de transporte de viajeros, un sistema de gestión ambiental y su implantación ha de cumplir los mismos requisitos, aunque en razón al tipo de actividad que desarrolla, uno será de una gran complejidad mientras el otro será muy simple.

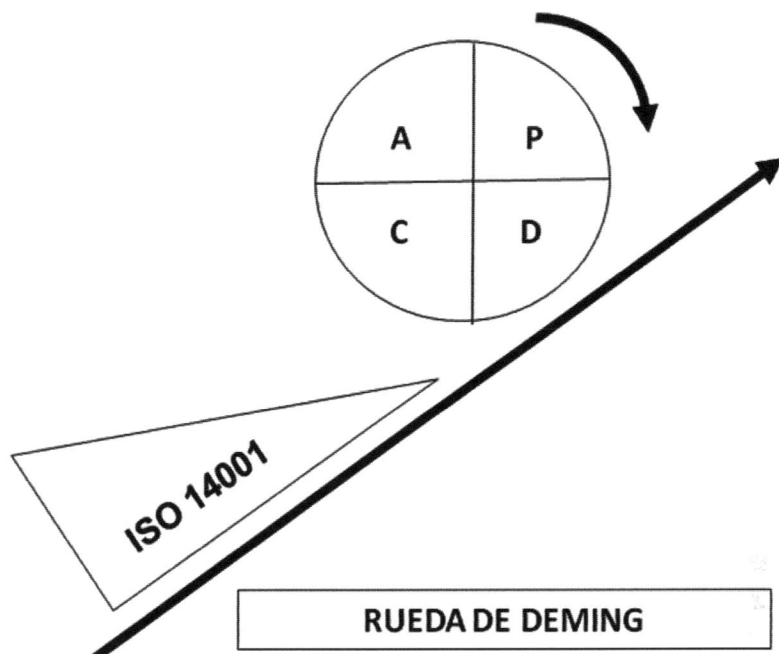

La Unión Europea ha adoptado como sistema de gestión medioambiental un sistema basado en la normativa ISO 14001, aunque siempre tenemos que tener presente que dicha norma recoge los requisitos mínimos que debe cumplir un sistema de gestión medioambiental para que una organización de cualquier tipo pueda demostrar ante otros, incluida la Administración, su preocupación por apoyar y mejorar la protección medioambiental. Sin embargo, hay que tener en cuenta que no prescribe ningún requisito de actuación, es decir, la norma no especifica la cantidad máxima permisible de emisión de óxido nitroso o cualquier otra cosa a la atmósfera, sino que únicamente prescribe como requisito la obligación de cumplir la legislación y reglamentación relevante, unido al compromiso de establecer una mejora continua. Este compromiso de mejora es de idéntica naturaleza que el que se recoge en la norma de calidad ISO 9001, se resume en la rueda de Deming, que define cuatro fases consecutivas necesarias para poder mejorar de forma sistemática:

- 1. Planificar (*plan*).
- 2. Hacer (*do*).
- 3. Comprobar (*check*).
- 4. Actuar (*act*).

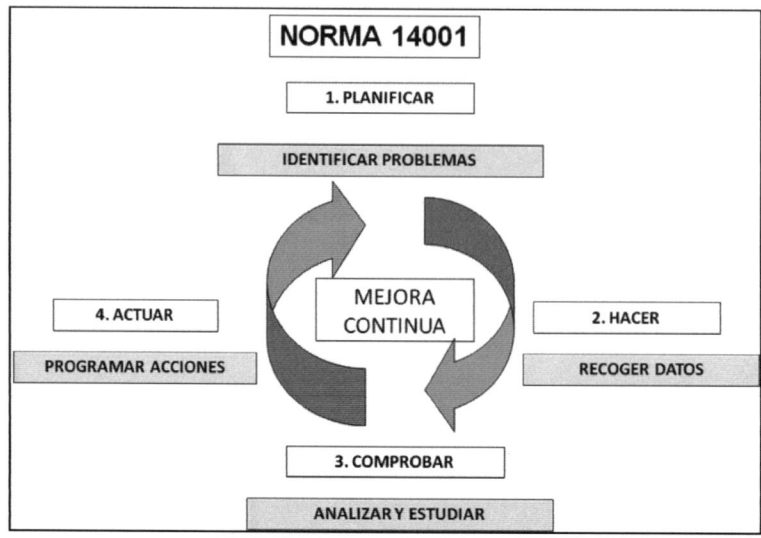

En otros términos, 1. Identificar problemas, 2. Recoger datos, 3. Analizar y estudiar resultados, y 4. Actuar.

VIII.2. Revisión medioambiental inicial

Una empresa en funcionamiento que quiera solicitar una subvención europea del programa EMAS necesita estar certificada por el organismo competente (ENAC), cuya primera exigencia es disponer de un sistema de gestión medioambiental.

Para poder desarrollar e implantar un sistema de gestión medioambiental es necesario establecer una serie de fases consecutivas que permitan, una vez implantado, que todo el personal de la empresa, proveedores y clientes hayan adquirido el convencimiento de su necesidad, aunque ello requiera más dedicación. La primera tarea que abordar corresponde a la llamada "revisión inicial". Esta tarea consiste en poder contestar a las siguientes preguntas: ¿se hace algo dentro del campo medioambiental? ¿Se aplica algún sistema de valoración de impactos? Es imposible poder desarrollar, implantar y mantener un sistema de gestión medioambiental sin conocer qué es lo que hace la empresa y cómo lo hace, de ahí la necesidad de abordar de forma sistemática la realización de una serie de tareas, es decir, planificar su realización, para que al final podamos presentar un completo informe de la revisión inicial desde la que podremos definir las tareas necesarias para poder implantar un sistema de gestión medioambiental.

El informe final de la llamada "revisión inicial" debe tener una estructura que corresponda a:

- Índice general.
- Resumen y comentarios.
- Introducción de la revisión medioambiental inicial.
- Panorámica e información general.
- Revisión de las prácticas de gestión medioambiental existentes.
- Revisión de las actividades, los productos y los procesos.
- Revisión de accidentes e incidentes medioambientales previos.
- Revisión de la legislación, regulaciones, autorizaciones y códigos industriales sobre medioambiente relevantes.
- Recomendaciones de mejora.
- Información acreditativa.

VIII.2.1. Índice general

En el índice general deben quedar reflejados todos los capítulos, apartados y subapartados que correspondan, con un título que indique su contenido y cantidad de páginas de las que consta.

VIII.2.2. Resumen y comentario

Dado que toda "revisión inicial" contiene una gran cantidad de información, toda ella valiosa, en la que se apuntan con detalle todas las actividades, productos y procesos desarrollados por la empresa y su valoración sobre su impacto ambiental, así como las tareas específicas medioambientales que se realizan, y las que deberían realizarse, es necesario resumir de forma clara las conclusiones y recomendaciones principales. Este resumen y comentario debe contener:

- Recomendaciones para la mejora de las prácticas medioambientales.
- Recomendaciones para la mejora de la actuación medioambiental de las actividades, productos y procesos, incluyendo una lista de los aspectos e impactos más significativos identificados.
- Las recomendaciones principales extraídas de la legislación y reglamentación.

Esta sección ha de redactarse una vez finalizado el resto del informe, quedando solo para el final la redacción del índice general, que aunque inicia el informe es lo último que se redacta.

VIII.2.3. Introducción a la revisión medioambiental inicial

En esta sección debe quedar aclarado el propósito y razón de por qué se ha realizado la revisión inicial, qué área o áreas ha abarcado, es decir, las limitaciones que se han impuesto, o si por el contrario ha abarcado todas las actividades y procesos, el método o sistema empleado en su realización, si se han realizado entrevistas, si se ha examinado documentación, se han empleado cuestionarios previos, las personas que la han efectuado y el tiempo empleado en cada fase, así como cualquier otro dato que se considere relevante.

VIII.2.4. Panorámica e información general

Dentro de esta sección debe recogerse una descripción de la empresa, de su organización y de sus actividades y productos.

Es importante indicar su emplazamiento físico, es decir, si consta de una o varias edificaciones o naves, dónde se encuentra ubicada cada una de ellas, la dimensión de sus instalaciones, el número de sus empleados, para finalizar con una descripción de su entorno donde se recojan la existencia de otra u otras instalaciones industriales, la topografía, hidrología y geografía, principalmente aquellos aspectos que afectan a riesgos respecto a seísmos o crecidas, aspectos medioambientales frente a efluentes, acuíferos, filtraciones, vertidos y cualquier otra cuestión relacionada.

VIII.2.5. Revisión de las prácticas de gestión medioambiental

Dentro de esta sección es necesario describir las prácticas actuales y compararlas con las que un sistema de gestión ambiental recomienda. Evaluar la distancia que separa ambas y tratar de desarrollar las recomendaciones de mejora basadas en las diferencias identificadas. El desarrollo de esta sección es indispensable para poder redactar la sección correspondiente a las conclusiones (resumen y comentario).

La lista de comprobación con la que se realiza el análisis diferencial corresponde a una lista de preguntas y un listado de documentos basados en los requisitos básicos que el sistema de gestión ambiental elegido recoge, como, por ejemplo, el basado en la Norma ISO 14001, que es el que como directiva recoge la Unión Europea.

Por ejemplo, uno de los requisitos que la norma ISO 14001 recoge es la necesidad de mantener registros documentales de los impactos ambientales que pueden producirse a lo largo del proceso productivo. La existencia o no de esos registros conlleva un incumplimiento grave para cualquier sistema de gestión medioambiental, por lo que debe ser comprobado para poder redactar un informe de las carencias y necesidades.

Realmente, aunque este cuestionario elaborado para la realización de la revisión inicial no es aquel que ha de utilizarse para la realización de una auditoría, tienen gran número de elementos comunes. La diferencia mayor consiste en que este cuestionario se redacta con el fin de obtener la información más exhaustiva posible sobre la empresa y sus actuaciones en el campo de la gestión medioambiental, mientras que una auditoría se hace para comprobar el cumplimiento de lo que el sistema de gestión ambiental redactado por la empresa, verdaderamente se cumple o por el contrario hay desviaciones o incumplimientos, así como precisar su gravedad y proponer acciones correctoras, es decir, la revisión de prácticas es meramente informativa, mientras que la auditoría corresponde a una comprobación y valoración de las actividades que realiza la empresa en la gestión ambiental.

LISTA DE COMPROBACIÓN

PREGUNTAS:	DOCUMENTOS:
• ¿Se tiene conocimiento de los aspectos medioambientales más significativos?	• Descripción de los procesos
• ¿Se controlan los aspectos más significativos?	• Registro de los aspectos e impactos medioambientales
• ¿Se han realizado evaluaciones de los impactos?	• Procedimiento de evaluación de impactos
• ¿Se registran los aspectos e impactos?	• Lista de quejas
• ¿Ha habido algún incidente o accidente?	• Informes de multas o infracciones
• ¿Ha habido quejas en los últimos cinco años?	• Informe de accidentes o incidentes

VIII.2.6. Revisión de las actividades, los productos y los procesos

Esta sección, aunque su complejidad depende en gran medida de las dimensiones y naturaleza de las actividades, productos y procesos de la empresa, constituye realmente el núcleo de la revisión inicial, pues sus objetivos principales corresponden a:

• Determinar qué impactos medioambientales se producen o podrían producirse.
• Determinar cuáles de esos impactos identificados son significativos.

El mejor método para identificar todos los impactos ambientales que pueden producirse en una empresa consiste en establecer el diagrama de flujo del proceso o de los procesos, entendiendo por tales cada una de las operaciones que se realizan desglosadas en pasos o fases, y para cada una de ellas, identificar las entradas y salidas, es decir, la plantilla de cada operación. Esto puede hacerse de forma muy simple sobre el flujograma del proceso o bien un poco más complejo efectuando una descripción pormenorizada de todas las operaciones que se llevan a cabo en cada fase destacando los aspectos medioambientales que aparezcan.

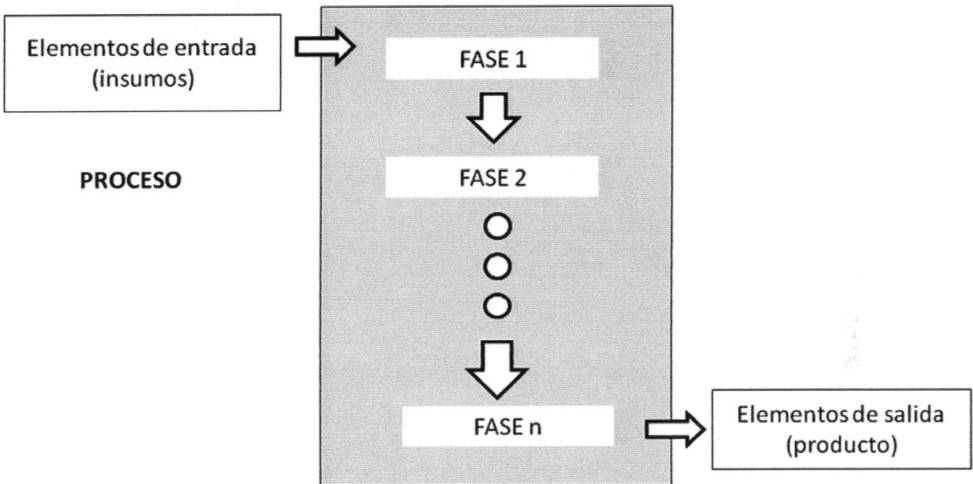

Un **aspecto medioambiental** corresponde a un elemento de las actividades, productos o servicios de una organización que puede interactuar con el medioambiente.

Un **impacto ambiental** es cualquier cambio en el medioambiente, sea adverso o beneficioso, resultante en todo o en parte de las actividades, productos y servicios de una organización.

Los aspectos medioambientales se agrupan en tres categorías:

- Aspectos relativos al proceso que corresponden esencialmente a aquellos relacionados con la actividad fundamental de la empresa, es decir, extracción, fabricación o montaje.
- Aspectos relativos al producto que corresponden a aquellos que conciernen al producto, su embalaje y transporte.
- Aspectos relativos a los servicios que corresponden a aquellos que están indirectamente relacionados con la actividad principal como mantenimiento, formación, transporte o cualquier otro similar.

	ASPECTO	IMPACTO
Proceso: corte armadura metálica de acero corrugado con soplete	Generación calor y chispas	Riesgo de incendio Emisión a la atmósfera Aumento residuo sólido
Producto: pintura secado aire	Disolvente, pigmento base	Disolvente de cloro emitido a la atmósfera
Actividad: formar al personal	Papel, tiza	Generación residuo sólido

TIPOS DE ASPECTOS MEDIOAMBIENTALES

Relativos al proceso: que son aquellos que corresponden a la serie de tareas de valor añadido que se vinculan entre sí para transformar un insumo en un producto.

Relativos al producto: que son aquellos que conciernen al producto.

Relativos a la actividad: tarea o conjunto de tareas indirectamente relacionadas con los procesos o productos.

Insumo corresponde a la suma de intangibles (información), y tangibles (materiales, recursos y energía) necesarios para crear productos o servicios.

PROCESOS	Preparar café	Proporcionar información a presentes y ausentes
INSUMOS	Café, agua, cafetera, filtro, taza, medida, energía, etc.	Búsqueda de información, selección de datos, etc.
TAREAS CON VALOR AÑADIDO	- Introducir filtro - Medir y agregar café - Medir y agregar agua - Encender cafetera...	- Encender ordenador - Usar teclado para introducir datos - Archivar datos - Imprimir datos...
TAREAS SIN VALOR AÑADIDO	- Medir café grano a grano - Mover cafetera de un sitio a otro - Dibujar el filtro con motivos decorativos	- Realizar gráficos e ilustraciones - Traducir los datos a diversos idiomas
PRODUCTO	Taza de café	Enviar datos/impresión de datos

Realmente, en la realización de una revisión inicial no es necesario reflejar todos y cada uno de los aspectos e impactos medioambientales, sino simplemente los más significativos, por lo que es bueno disponer de un sistema de valoración simple que permita establecer para cada impacto recogido su NPR (Número de Prioridad de Riesgo). En este sistema de valoración se definen tres parámetros fundamentales que son: frecuencia (F), gravedad

(G) y detección (D), cada uno de ellos con un valor que oscila entre 1 y 5. El producto de estos tres parámetros (FxGxD=NPR) da lugar a un número cuyo valor máximo es de 125, que permite una identificación de los impactos más significativos, y consecuentemente aquellos que requieren un tratamiento especial. En general, se consideran significativos todos los impactos cuyo valor sea de 30 o superior, por lo que habrá que realizar una revisión del proceso para disminuirlo. Se consideran graves los que tienen un valor comprendido entre 15 y 29, que habrá que estudiar, y se consideran incidentales los menores de 15. La forma de intervención supone siempre la modificación preventiva del proceso, mejor que un aumento de control del mismo. Pueden definirse más parámetros como: probabilidad de ocurrencia, posibilidad de control, duración, espacio total contaminado, y algún otro como toxicidad, función del tipo de productos que se manipulen. Por otro lado, pueden, además, establecerse otros criterios internos o externos que consideren como críticos algunos impactos que con el sistema de valoración descrito no resulten significativos, como pueden ser: estrategia empresarial, coste o previsiones sobre posibles modificaciones en la reglamentación actual, etc.

SISTEMA DE VALORACIÓN DE

Frecuencia: veces que ocurre o puede ocurrir.	Gravedad: toxicidad o peligrosidad.	Detección: probabilidad de detección desde que se produce.
1. Raro o nunca (una vez al año).	1. No dañino (sin daño).	1. Detección automática.
2. Intermitente (una vez al trimestre).	2. Benigno (poco daño y con fácil solución).	2. Detección por persona o personas responsables en el punto donde se produce.
3. Regular (una vez al mes).	3. Moderado (algo dañino pero con solución).	3. Detección en el local de trabajo.
4. Repetido (una vez a la semana).	4. Serio (dañino y difícil de corregir).	4. Detección en la región.
5. Continuo (una vez al día).	5. Catastrófico o severo (muy dañino y muy difícil de corregir).	5. Detección fuera de la región.

NPR (Número de Prioridad de Riesgo) = F x G x D

Sin embargo, para poder llegar a cumplimentar esos objetivos, son muchas las tareas que realizar, y no existe un único sistema universalmente admitido para poder hacerlas. Vamos a indicar un sistema que consideramos lógico y del que una vez adquirida cierta práctica en su aplicación se puede tomar como base para utilizarlo siempre.

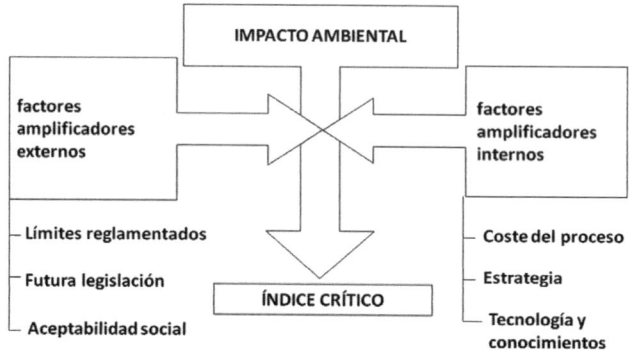

OTROS CRITERIOS PARA DEFINIR LA
IMPORTANCIA DE LOS ASPECTOS
MEDIOAMBIENTALES

El análisis del ciclo de vida (ACV) o estudio del ciclo de vida (ECV) es una metodología muy general que implantar a nivel de fijación de las políticas nacionales e incluso comunitarias, pero que nos puede servir de modelo para aplicar en el caso concreto de una empresa. Su implantación se inició en Estados Unidos, pero mientras que en este país el interés por su aplicación fue abandonándose, desde mediados de los años noventa en los países europeos ha crecido enormemente su utilización. En términos generales, el ciclo de vida es un ciclo cerrado que se inicia y finaliza en la tierra y la biosfera, entendiendo que de ahí se parte para la obtención de la materia prima que utilizar, y ahí se llega con el producto después de su uso más los residuos y desechos generados a lo largo de su ciclo de vida.

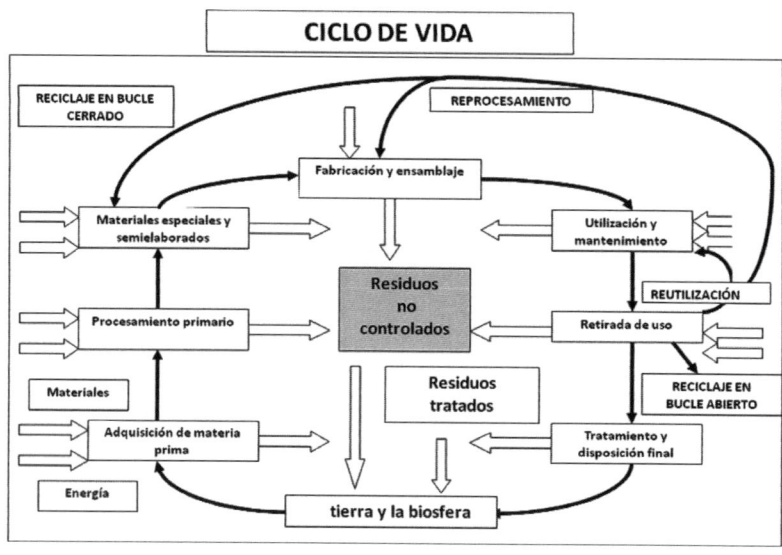

En cada paso del ciclo se realiza la transferencia de materiales, llamémosles útiles, a la vez que se generan una serie de residuos no controlados o sin tratar. Igualmente, en cada uno de estos pasos hay un consumo de materiales auxiliares, energía y mano de obra. Dentro del ciclo de un producto pueden producirse reprocesamientos o reciclajes en bucle cerrado, es decir, dentro del mismo proceso productivo o ciclo del producto, o por el contrario en ciclo abierto, es decir, cuando esos subproductos corresponden a reciclajes de otros ciclos de vida de otros productos.

PROCESO DE MOLDEO EN COQUILLA

MATERIALES:
Lingote (1000 kg)
Crisoles (2 uds)
Elementos aleantes
Lubricantes
Grafito
Refractarios

(Especial relevancia para AGUA Y PRODUCTOS QUÍMICOS)

ENERGÍA:
Eléctrica (kw.h)
Metano (m³)

preparación → fusión → colada → moldeo en caja caliente → desmoldeo → eliminación de mazarotas

RESIDUOS:
Lodos con metales pesados
Arena
Remanente crisoles

AGUAS RESIDUALES:
Aceites minerales
Materiales en suspensión

EMISIONES AL AIRE:
Óxidos de C
Óxidos de N
Polvos
Ruidos

Por supuesto, si nuestra empresa se dedica a fabricar jabón, el ciclo de vida se iniciará con la preparación y cultivo del suelo para piensos, plantación, cuidado y tala de árboles para fabricar papel, con el que vamos a envolver nuestro jabón, la extracción de las sales caústicas, cosas que intervienen de forma directa en el ciclo de vida del jabón, pero que no pertenecen específicamente a nuestro proceso de fabricación y distribución. Para nuestro caso, el sistema corresponde solo a los pasos que afectan a la adquisición de la materia prima, fases del proceso de fabricación y embalaje, distribución y transporte, reutilización o reciclaje y gestión de residuos. Para cada una de estas unidades funcionales se requiere la medida de los rendimientos que se obtienen con diversos datos de entrada y diversos datos de salida. En el caso del proceso de fabricación y embalaje lo mejor es acudir a realizar un diagrama de flujo de cada una de las operaciones de que consta dicho proceso, indicando para cada una de ellas las entradas y salidas que le corresponden, es decir, un flujograma completo en el que por cada paso o fase del proceso se indiquen las entradas y salidas de materiales, energía, residuos y desechos.

REGISTRO IMPACTOS

ASPECTOS	PROCESOS	VALORACIÓN
Riesgo de incendio	Colada	35
Riesgo de quemaduras	Desmoldeo	20
Riesgo de emisiones tóxicas	Fusión	45

Una vez hecho esto, es necesario realizar una evaluación del impacto que cada fase del proceso genera o puede generar, con relación al medioambiente, a las personas y al agotamiento de recursos, añadiendo una valoración relativa entre dichos impactos para poder establecer prioridades en función de lo que llamaremos categoría del impacto, para finalizar estableciendo las mejoras, especialmente de tipo preventivo que pueden adoptarse para disminuir o eliminar los impactos más sobresalientes.

VIII.2.7. Revisión de accidentes e incidentes medioambientales previos

Si se trata de una empresa en funcionamiento, su historia en cuanto a incidentes o accidentes previos es una cuestión vital para definir los factores que nos permitan establecer una valoración de los impactos ambientales más fiable, así como tomar las medidas preventivas más idóneas. En tal sentido, la información que se requiere para poder llevar a buen puerto esta sección es:

- Información sobre incumplimientos de legislación o reglamentación, donde se recogerán multas y sanciones, mandamientos o demandas judiciales, y cualquier otro tipo de sanciones.
- Información sobre quejas tanto externas entre las que estarían las comunicaciones municipales, vecinales, de clientes, como internas debidas a los propios empleados y operarios.
- Información sobre incidentes que hayan generado operaciones no previstas en el proceso como incendios, derrames, vertidos…

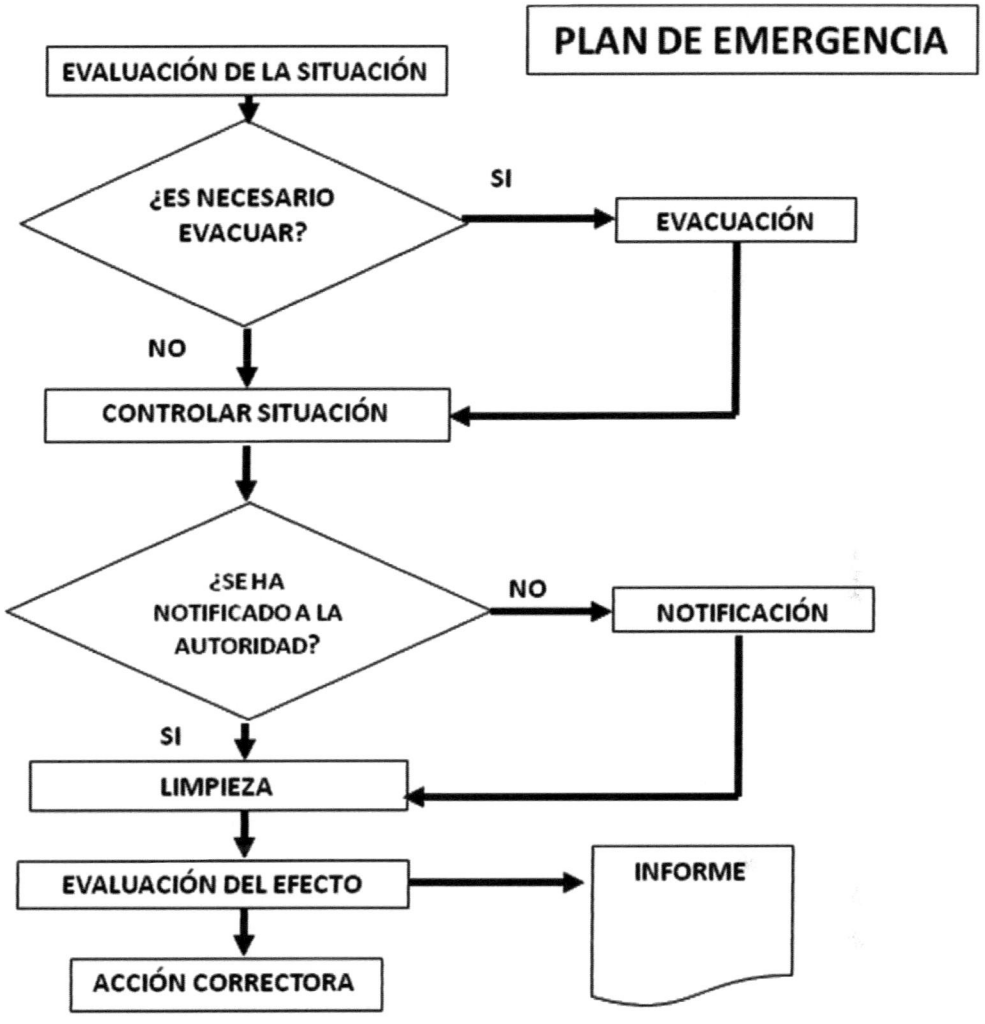

VIII.2.8. Revisión de la legislación y reglamentación relevante

El primer paso que seguir corresponderá a identificar la legislación y reglamentación aplicable a las actividades, procesos y productos. Hay que tener en cuenta que en nuestro país se legisla a través del Estado Central, las comunidades autónomas y los Ayuntamientos dado que las tres Administraciones tienen competencias en el campo medioambiental. La legislación y reglamentación internacional, dependiente de los convenios internacionales que firme el Estado español como el de Kioto o aquellos que surgen de las directrices que emanan de la Unión Europea, y que se convierten en leyes o reglamentos a nivel de la Administración Central.

Una vez identificada, es necesario comprobar que se cumple en su totalidad y arbitrar los sistemas que permitan mantener al día la información y, con ella, la adaptación de nuestro sistema de gestión a las modificaciones que se vayan produciendo.

Por otro lado, si nuestro sistema se basa por ejemplo en la normativa ISO 14001, es necesario atender a los nuevos requisitos debidos a las modificaciones que en ella se produzcan.

VIII.2.9. Recomendaciones de mejora

Las recomendaciones de mejora han de referirse esencialmente a dos aspectos fundamentales:

- Disminuir o minimizar el impacto ambiental.
- Reducir el consumo de recursos atendiendo preferentemente a los no renovables.

Cualquier empresa aceptará e implantará una propuesta de mejora siempre y cuando se demuestre que en su implantación consigue un ahorro, de ahí que lo mejor sea que toda propuesta de mejora lleve implícito un estudio económico. En general, los técnicos somos bastante reacios a acompañar una propuesta de mejora con un estudio de los beneficios económicos que conlleva, pues creemos que los técnicos debemos dedicarnos solo a la técnica y no a la economía, no dándonos cuenta de que nuestro sueldo está tanto más justificado cuanto más ahorro o beneficio generamos.

VIII.2.10. Información acreditativa

Todo lo anteriormente expuesto ha de estar debidamente acreditado mediante los documentos pertinentes, es decir, no sirve el dar opiniones, sino el aportar datos. No debe decirse, se desecha una gran cantidad de chatarra metálica sólida, sino que es necesario indicar que de cada tonelada de acero que se adquiere como materia prima se desechan 50 kg como recortes de chapa o armaduras de la que no se recicla nada, pues se elimina como escombro en un vertedero. El documento acreditativo sería el albarán de compra del material, el albarán de entrega del material al cliente, y la no existencia de documento que ampare la salida diferencial de chatarra. Realmente, toda esta documentación que puede ser muy extensa, puede añadirse como anexo al informe final, mencionando solo su existencia a través de una relación de la misma.

VIII.3. Comprobación de la revisión inicial

Como último paso para dar por finalizada la revisión inicial del sistema de gestión ambiental de una empresa puede acudirse a efectuar una autoevaluación aplicando una lista de comprobación muy similar a la que cualquier auditoría externa aplicaría. En ella se puede incluir una valoración sobre cada respuesta aportada en la que, a juicio del valorador, se estima si el punto comprobado ha sido respondido satisfactoriamente por completo o en parte o por el contrario ha sido insatisfactorio. A través de asignar puntuación a cada respuesta puede establecer una valoración global final en la que se decide en función de la puntuación obtenida, si la revisión inicial se ha realizado correctamente o no.

VIII.4. Política medioambiental

Todo sistema de gestión medioambiental debe recoger de forma clara el compromiso de la alta dirección y de todos los responsables de la implantación del sistema de gestión medioambiental, por lo que después de enunciar los compromisos que la dirección y todos los responsables adquieren, debe ir firmado por todos ellos, para que de esta forma se pueda documentar que todos conocen los objetivos medioambientales recogidos, pues en este apartado de la norma no deben recogerse solo vaguedades, sino también los objetivos cuantitativos fijados para cada responsable o por áreas.

VIII.5. Organización y personal

Es importante conocer la organización de la empresa y especialmente sus relaciones de dependencia especialmente en lo que afecta a las responsabilidades sobre las actuaciones medioambientales. Un organigrama del personal de la empresa es suficiente si le añadimos las funciones, responsabilidades y autoridad que cada persona o mejor a cada puesto le corresponden.

VIII.5.1. Cargos específicos dedicados al medioambiente

Aparte del director general o gerente, que es quien fija la política medioambiental de la empresa, la empresa debe tener una estructura en la que
estén definidas las tareas y responsabilidades respecto al medioambiente que
tienen sus miembros a todos los niveles, desde la alta dirección a los niveles
operativos.

En general, la alta dirección debe nombrar a alguien de máximo nivel
como coordinador de la política medioambiental, cuyas tareas principales
correspondan a asegurar que el sistema de gestión medioambiental cumple
los requisitos que la legislación y reglamentación incluye así como los que
la normativa recoge y, además, debe informar a la alta dirección del grado de
cumplimiento del mismo.

Además de este cargo unipersonal, la empresa debe tener un órgano colegiado, cuyas tareas principales correspondan al establecimiento de metas
y programas de gestión medioambiental, y los análisis del grado de cumplimiento y costes de dichos programas. En general, este órgano colectivo
puede denominarse Comité de Medioambiente, del que deben depender los
auditores medioambientales internos, necesarios para evaluar periódicamente
el grado de cumplimiento del sistema de gestión medioambiental, en el que se
recoge la política medioambiental de la empresa.

VIII.5.2. Personal

Todo el personal de la empresa debe verse implicado en la tarea de la
gestión medioambiental, por lo que debe, aparte de dar la formación requerida
para que cada miembro del personal pueda desarrollar sus tareas en ese
campo con la competencia requerida, sensibilizarse a todos los empleados
y operarios respecto a las cuestiones medioambientales, empezando por
hacerles ver que cualquier acción en ese campo redunda en beneficio de sus
propias condiciones de trabajo.

Podemos considerar tres niveles fundamentales:

- Nivel I (nivel estratégico): cuya formación ha de orientarse al
  conocimiento de todos los requisitos del sistema y sobre todo a los
  procedimientos de realización de auditorías medioambientales.

- Nivel II (nivel táctico): cuya formación debe estar encaminada al conocimiento para medir y valorar los datos que deben figurar en los registros necesarios que obtener en las operaciones o procesos que controla además de los procedimientos aplicables.

- Nivel III (nivel operacional): cuya formación debe referirse especial-mente a los conocimientos específicos medioambientales sobre aspectos e impactos con relación en su puesto de trabajo, y un conocimiento general de temas y sistemas medioambientales.

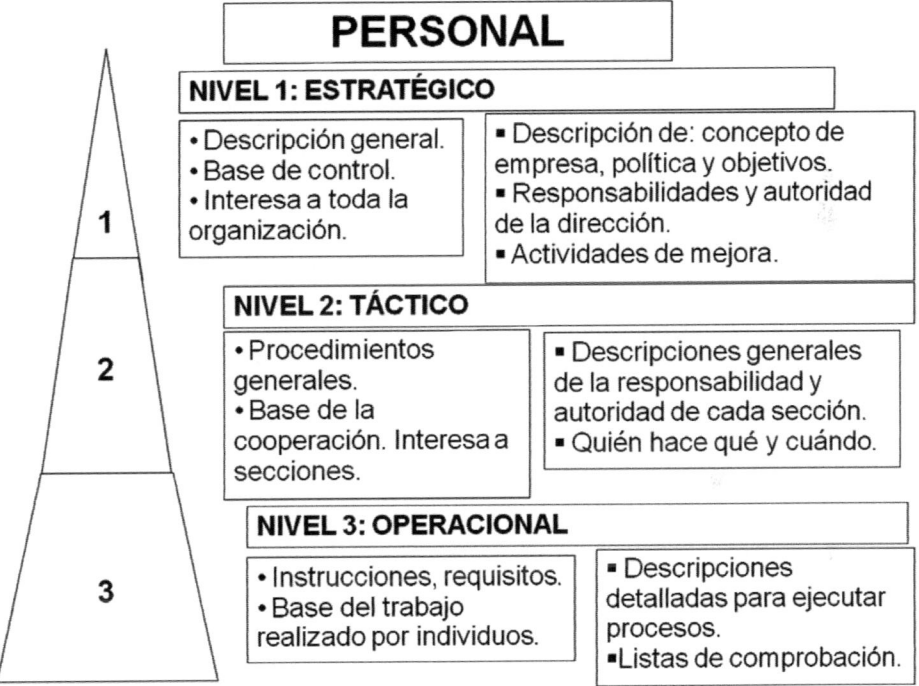

FICHA DE REGISTRO DE PERSONAL		Nombre:		DNI:
Titulación	Cursos de formación	Fecha	Duración	Calificación

Toda la formación impartida debe quedar registrada y, si puede ser, de forma individual en cada ficha de registro del personal, incluyendo, si ha sido evaluado, la valoración obtenida.

VIII.5.3. Los auditores medioambientales

Aunque dedicaremos un capítulo a las auditorías medioambientales, fundamentalmente a las auditorías externas, cada empresa está obligada a realizar auditorías periódicas sobre el sistema medioambiental, y aunque puede no tener personal específico como auditor, pues por entidad de la empresa o por su actividad como por ejemplo una oficina de proyectos no sea necesario tener a nadie contratado a tiempo completo para realizar dicha tarea, sí debe reflejar documentalmente que audita su sistema de gestión medioambiental.

VIII.5.3.1. Introducción

La formación del auditor comprende varios aspectos, pues su campo de actuación es particularmente extenso. Debe reunir a la vez una formación sólida y una experiencia práctica.

- El primer paso es la adquisición de los conocimientos técnicos necesarios.
- El segundo paso debe corresponder a la adquisición de experiencia práctica.
- El tercer paso corresponde al aprendizaje del trabajo en equipo.
- Por último, ha de estar dispuesto a la continua actualización y reciclaje.

VIII.5.3.2. El auditor

Un auditor cualificado tendrá como mínimo:

- Una educación secundaria.
- Cinco años de experiencia laboral, o un título técnico y tres años de experiencia laboral.
- Formación adicional en ciencias medioambientales, y conocimiento de normas y regulaciones de sistemas medioambientales incluyendo el haber participado en varias ocasiones formando parte de un equipo de auditorías medioambientales.

Además, y dentro de la norma ISO 14012 se destacan algunas características específicas que debe reunir:

- Capacidad de comunicación escrita y oral.
- Sentido de la diplomacia y una fuerte capacidad de escuchar.
- Demostrada habilidad para permanecer independiente.
- Buena organización personal.
- Capacidad para realizar buenos juicios basándose en evidencias objetivas.

Dentro de la norma ISO 14012 y en su Anexo A se recogen algunas ideas para evaluar las cualificaciones para ser auditor interno e incluye métodos, entrevistas y test, además de análisis de antecedentes laborales.

VIII.5.3.3. El código de conducta de los auditores

Aparte de las cualidades ya mencionadas para un auditor ha de poseer un código de buena conducta basado en las siguientes cualidades:

- Honestidad.
- Imparcialidad.
- Independencia.
- Secreto profesional.
- Responsabilidad.

VIII.5.3.4. Programas y planes de gestión medioambiental

La norma ISO 14001 recoge literalmente en su apartado, 4.3.4: Programa de gestión medioambiental: la organización debe establecer y mantener al día un programa o programas para lograr sus objetivos y metas. Es una descripción documentada de los medios para lograr los objetivos y metas medioambientales. Cada programa se aplica para alcanzar un único objetivo o meta y ha de constar de:

- o Qué se va a hacer.
- o Cómo se va a hacer.
- o Cuándo se va a hacer.
- o Quién será el responsable.

Un programa de administración ambiental debe contemplar:

a. Estructura administrativa.
b. Procesos de controles ambientales del negocio.
c. Recursos (personas y sus habilidades, recursos financieros, herramientas).
d. Procesos para establecer objetivos y metas, para alcanzar políticas ambientales.
e. Procedimientos y controles operativos.
f. Capacitación.
g. Sistema de medición y auditoría.
h. Revisión administrativa y panorama general.

PROGRAMAS DE GESTIÓN MEDIOAMBIENTAL

- Programa de Implantación del Sistema de Gestión medioambiental (una sola vez)
- Programa de reducción de vertidos sólidos (anual)
- Programa de reducción de consumo de agua (anual)
- ...

PROGRAMA DE IMPLANTACIÓN ISO 14001			COSTE TOTAL:		

FASES	FECHAS E F M A M J X A S O N D	Responsables y colaboradores			COSTE	OBSERVACIONES
1. Redactar Manual	▮▮▮	D	CMA			
2. Redactar Procedimientos	▮▮▮	C	Pr	Ad		
3. Implantar Sistema	▮▮▮	C				

Todo esto constituye el propio sistema de gestión medioambiental en su conjunto, por lo que normalmente, aunque la norma habla de programas, en general se suelen definir planes entendiendo por tales la necesidad de metas u objetivos para cada uno de ellos y una distribución temporal por etapas nombrando a persona o personas responsables de cada una de ellas. Esto suele realizarse utilizando un diagrama de Gant con formato estándar al que suele ser añadirse una casilla indicando persona o personas responsables, y otra de cuantificación monetaria de cada fase y del conjunto en cuanto a coste y rentabilidad.

Existen una serie de planes que la norma exige como el plan para situaciones de emergencia o plan de evacuación, plan de formación, plan de calibración de equipos de medida y ensayo, etc. Pero además de estos requeridos por la propia norma deben contemplarse otros que permitan fijar metas y objetivos parciales, cuya consecución permita establecer mejoras en el impacto ambiental o en la gestión de recursos como pueden ser el plan de reducción de residuos sólidos, o el plan de reducción de carburantes fósiles.

Dada la gran cantidad posible de planes es difícil establecer una relación concreta, pues además depende mucho del tipo de organización de que se trate.

VIII.6. Seguimiento y medición

VIII.6.1. Introducción

La medición es el medio por el que la organización es capaz de poder conocer si se realizan progresos en la minimización de los impactos producidos por sus actividades y procesos. El proceso de seguimiento y medición genera registros que sirven, además de lo indicado, para efectuar la evaluación del progreso hacia la consecución de los objetivos y metas programados.

VIII.6.2. Las inspecciones

Las principales técnicas de inspección podemos clasificarlas como:

- Inspecciones evaluativas, que son aquellas que se realizan después del proceso y que tienen como fin medir para obtener datos cuantitativos. Solo conducen a la estrategia de reacción.
- Inspecciones informativas, que son aquellas que permiten la investigación de las causas de los defectos y con esta información realimentan el proceso ejecutando la acción adecuada para su eliminación.
- Inspecciones en la fuente, que son aquellas que permiten corregir el error cuyo efecto produce la aparición de un defecto en la propia fuente, es decir, antes de que el error se convierta en defecto.

Estas tres técnicas de inspección son necesarias. La tercera es la que permite, dentro del propio proceso, adelantarse al fallo. La segunda permite realizar la planificación de medidas correctoras que puedan prevenir que el hecho vuelva a producirse. La primera es necesaria, aunque las medidas que genera solo permiten determinar la necesidad o no de alertar sobre las consecuencias del fallo.

Todos los datos obtenidos deben servir para formalizar lo que hay que medir en cada punto del proceso y cómo hacerlo, incluyendo no solo las instrucciones para efectuar la medición, sino también la calibración previa del equipo o equipos utilizados.

VIII.7. No conformidades

VIII.7.1. Definición

La norma ISO 8402 define la "NO CONFORMIDAD" solo referida al producto, precisando que un producto no conforme es aquel que no cumple los requerimientos especificados, utilizándose el término "DEFICIENCIA" cuando la no conformidad afecta al sistema, al proceso o a la operación. En tal sentido, la no conformidad de un producto es fácilmente detectable por simple comparación con la especificación, mientras que una deficiencia del sistema o del proceso es más difícilmente detectable, salvo que corresponda a un punto donde se haya establecido la realización de una medición. En general, la detección de una no conformidad está mucho más relacionada con la realización de auditorías.

VIII.7.2. Acciones y registros de no conformidades

Las acciones que tomar con las no conformidades son:

- Identificarlas obteniendo a la vez la mayor cantidad de detalles posibles sobre cuál es la no conformidad, dónde se ha producido, quién la ha detectado, etc.
- Separarlas impidiendo que antes de su revisión y estudio el producto sea utilizado inadvertidamente.
- Evaluarlas adoptando una decisión en la que se tengan en cuenta todos los factores que afectan no solo a la especificación, sino también a su aptitud para el uso. Una especificación puede ser modificada no solo por que en ocasiones sea errónea, sino por que sea muy restrictiva y el producto no requiera tal restricción.

- Analizarlas. Una vez que se haya decidido y ejecutado la decisión tomada, es necesario examinar la no conformidad, buscar las causas que han podido contribuir a generarla y adoptar medidas correctoras. Estas acciones son siempre necesarias pero, sobre todo, cuando el producto ha sido achatarrado, o para hacerlo útil ha habido que realizar sobre él operaciones costosas. Con esto queremos indicar que sea cual sea la evaluación realizada y aunque esta haya sido utilizar el producto no conforme tal cual está, es decir, aceptándolo por concesión, es necesario examinar las causas y tomar acciones correctoras aunque la acción correctora que tomar pueda ser el cambio de especificación, pero, eso sí, justificadamente.
- Prevenirlas tomando las acciones necesarias para que no vuelvan a producirse, aunque tenemos que tener en cuenta que en ocasiones la acción preventiva consista solo en la introducción de una modificación en el plano o especificación del producto.

Es necesario que todas las no conformidades detectadas sean registradas para poder planificar las acciones correctivas que se consideren necesarias, especialmente las acciones preventivas que a la larga suelen ser las más eficaces.

VIII.8. Revisión por la dirección

La revisión por la dirección es el último punto de la implantación del sistema y el que enlaza con la fijación de la nueva política ambiental para el siguiente período que suele ser de un año, y sucesivos.

Tanto la política inicialmente definida como la revisión periódica por la dirección son las dos cosas que se tienen que contestar y expresar por escrito para incorporarlas al manual de gestión medioambiental, si es que la empresa lo tiene, puesto que constituyen un requisito indispensable sin el cual la empresa no va a poder certificarse.

Toda revisión por la dirección debe quedar totalmente definida en los aspectos:

- ¿Cuál es la frecuencia fijada para las revisiones por la dirección? La norma nos exige que se haya realizado al menos una revisión antes de la renovación de la certificación anual que ha de hacerse cada tres años. Lo conveniente, sin embargo, es hacerlo anualmente o siempre que se cambien procesos que estén relacionados directamente con impactos significativos.

- ¿Quién participa en ellas? En realidad, la norma exige que sea el director general o gerente de la empresa, pues constituye una tarea indelegable, sin embargo, se requiere el asesoramiento del coordinador de Gestión Medioambiental y en la mayoría de las ecuaciones, el Comité de Medioambiente.

Síntesis de los requisitos de la norma ISO 14001 sobre este punto:

- La dirección al más alto nivel debe realizar la revisión del sistema de gestión medioambiental.
- Documentar la revisión por la dirección para lo que se requiere toda la documentación necesaria, especialmente los registros obtenidos hasta la fecha.
- Abordar, con motivo de estas revisiones, las oportunas necesidades de cambio en la política, en los objetivos y en cualquier otro elemento del sistema.

VIII.9. Recomendaciones para la implantación con éxito de un SGMA

VIII.9.1. Registros

Tras la cumplimentación de la revisión medioambiental inicial, se debe elaborar un registro que incluya todos los aspectos e impactos identificados como significativos. Este registro debe identificar (siempre que sea significativo):

- Todas las entradas a sus actividades, productos o procesos.
- Todas las salidas de sus actividades, productos o procesos.
- Todas las emisiones al aire (controladas y no controladas) de sus actividades, productos o procesos.
- Todos los efluentes (controlados y no controlados) de sus actividades, productos o procesos.
- La generación o eliminación de residuos sólidos o de otro tipo (particularmente residuos nocivos) asociados a sus actividades, productos o procesos.

- Cualquier tipo de contaminación del terreno como resultado de las actividades, los productos o los procesos de su organización.
- Todos los usos de materia prima y recursos naturales asociados a sus actividades, productos o procesos.
- Todos los demás vertidos o emisiones asociados a sus actividades, productos o procesos, tales como energía térmica, ruido, olores, polvo, vibraciones e impacto visual.

VIII.9.2. Registros de impactos significativos

Todos los asuntos medioambientales de relevancia local o comunitaria asociados a sus actividades, productos o procesos y cualquier asunto relacionado con su compañía y su actuación medioambiental. Este registro debe identificar los aspectos e impactos significativos que tienen su origen en:

- Las actividades, los productos y los procesos normales.
- Todas o algunas actividades, productos o procesos anómalos.
- Todos los accidentes y situaciones de emergencia potenciales asociados a sus actividades, productos o procesos.

VIII.9.3. Otros registros

Todas las actividades, los productos y los procesos pasados, presente y futuros.

- El ciclo de vida de los productos de la organización.
- Su registro debe revisarse regularmente y modificarse en consecuencia.
- Su registro debe documentarse y presentarse en un formato claro, conciso y fácil de entender.
- Su registro debe diferenciar los impactos e impactos directos (aquellos sobre los que su organización tiene un alto grado de control) e indirectos (aquellos sobre los que no tiene un alto grado de control).
- Su registro debe describir el procedimiento empleado para identificar los aspectos e impactos medioambientales y su significación.
- Su registro debe incluirse en el manual de gestión medioambiental.

VIII.10. Ejercicios

1. Indica los capítulos y apartados que contiene la norma ISO 14001.
2. Desarrolla el organigrama de una empresa incluyendo funciones, responsabilidades y autoridad dentro de la política ambiental de cada persona que figure en el organigrama.
3. Describe un proceso de soldadura con cada una de las fases de que consta indicando para cada una de ellas materiales y energía de entrada, y emisiones, vertidos y residuos generados, es decir, aspectos e impactos medioambientales.
4. Dentro de cada fase descrita efectúa la valoración del riesgo de impacto de cada una de las operaciones.
5. Ordena de mayor a menor por valores del número de prioridad de riesgo, los impactos posibles encontrados indicando qué debería controlarse y quien debería hacerlo.
6. Propón medidas preventivas para los tres primeros indicando en cuánto se reduce su valor después de adoptadas las medidas propuestas.
7. Dentro de las fases descritas qué registros deberían hacerse.
8. Indica y redacta algún plan de emergencia que deba redactarse para alguno de los impactos significativos encontrados.
9. En toda depuradora de aguas residuales, una de sus fases corresponde a la decantación y eliminación de fangos. Describe los aspectos e impactos ambientales que pueden producirse.
10. Valora los impactos significativos y propón medidas preventivas para la reducción de su NPR.

CAPÍTULO IX: Aplicación a empresas constructoras

IX.1. Introducción

La aplicación de sistemas de evaluación ambiental en las empresas constructoras españolas es prácticamente nula, y por lo que atañe a residuos y demolición, aunque existe un II Plan Nacional de Residuos de la Construcción y Demolición desde el año 2006 para el período 2007-2015, en el que se plantea como objetivo el reciclado del 60 % de los residuos, promotores y constructores lo incumplen de forma sistemática, puesto que por razones económicas se siguen depositando en vertederos.

En otros países de la Unión Europea, especialmente en la edificación, se han implantado ya criterios de sostenibilidad ambiental como eficiencia energética, durabilidad, reciclaje y otros, que establecen exigencias de disminución del impacto ambiental empezando por la integración en el paisaje, gestión adecuada de recursos, calidad de ambiente interior, y muchos otros que en las empresas constructoras españolas ni contemplan.

La actividad industrial de la construcción ha transformado tan significativamente el medioambiente que hoy es difícil encontrar un espacio al que se pueda aplicar el término de natural, pues al menos para llegar a él utilizamos una carretera, hay un tendido eléctrico, hay que atravesar un puente o cualquier otra obra realizada por el hombre. Por otro lado, el "medio urbano" corresponde a un medio que no puede juzgarse ni valorarse con los criterios que se aplican al "medio rural" por no llamarlo natural, pues como ya hemos dicho, eso no existe.

IX.2. Sistema documental

Antes de referirnos a aspectos concretos de la gestión medioambiental de las empresas constructoras, vamos a referirnos inicialmente a los documentos concretos que constituyen un sistema de gestión medioambiental.

CUESTIONES QUE CONTESTAR

CUESTIÓN	Ejemplos	
¿Qué...	... objetivo ha de alcanzarse?	... medidas se han de tomar?
¿Por qué...	... debe seguirse un procedimiento?	... se requiere un registro?
¿Quién...	... es responsable de una acción?	... debe ser consultado?
¿Cómo...	... debe ser ejecutada una tarea?	... deben realizarse cambios?
¿Cuándo...	... deben tomarse medidas?	... se requiere una acción?
¿Dónde...	... puede encontrarse información?	... se guarda el equipo de emergencia?

Uno de los requisitos normativos para los sistemas tanto de gestión medioambiental como de calidad es la necesidad de que dichos sistemas estén documentalmente apoyados, de tal forma que en todo momento pueda contrastarse lo que se hace con lo que se dice que se hace. En tal sentido, la obtención de la certificación para una organización se basa más en el cumplimiento íntegro de lo documentalmente expresado que en lo bueno o menos bueno que el sistema sea valorado objetivamente respecto al impacto ambiental real que la organización pueda causar, es decir, la obtención de la certificación solo representa el cumplimiento de unos requisitos mínimos que la norma recoge y la constatación de que esos requisitos mínimos se cumplen. Al certificar, la entidad certificadora no juzga si el sistema de gestión ambiental implantado por la empresa es bueno o malo, sino simplemente que cumple unos requisitos. Esto conduce generalmente a que la mayoría de las organizaciones que pretenden certificarse partan de un sistema documental de otra organización que ya ha sido certificada, en vez de desarrollar un sistema propio más acorde con las actividades que desarrolla. Esto obliga a la organización a recoger documentalmente una serie de cuestiones o datos que poco o nada le sirven para realizar programas eficaces de disminución de impacto y, sin embargo, no contemplan recoger otros que bien analizados podrían dar como resultado una sensible disminución de dicho impacto.

La documentación exigida por un sistema de gestión ambiental corresponde a:

- Manual de Gestión Medioambiental.
- Programas de Gestión Medioambiental.

- Planes de Gestión Medioambiental.
- Procedimientos.
- Instrucciones de trabajo.
- Registros.

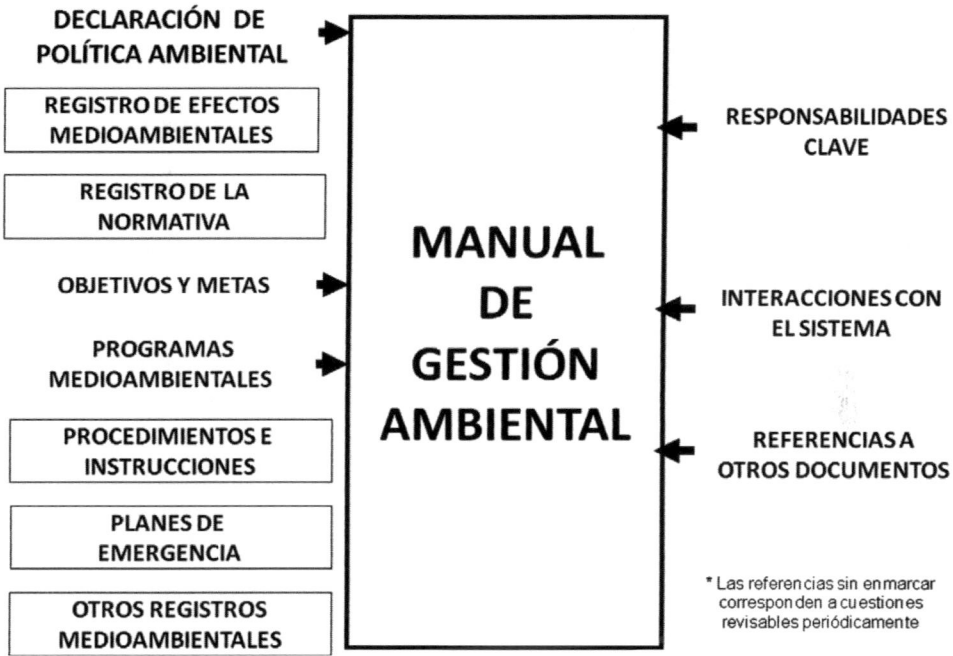

Todos estos tipos de documentos pueden incluirse dentro del propio *Manual de Gestión Medioambiental*, aunque en función fundamentalmente de su cantidad pueden separarse los procedimientos, dando lugar a un *manual de procedimientos* y las instrucciones técnicas o de trabajo pueden también recogerse aparte, sobre todo aquellas que corresponden a normas internacionales, nacionales o sectoriales que quedan totalmente identificadas por su referencia.

IX.2.1. Manual de Gestión Medioambiental

El Manual de Gestión Medioambiental es el documento principal del sistema, pues en él se recoge lo que la organización hace con relación al medioambiente y aunque no se pretende que sea un compendio de todos los documentos medioambientales que se manejan en la organización, sí es un resumen que proporciona una visión de conjunto del sistema de gestión medioambiental que sirve para coordinar y controlar las actividades.

En general, el índice del Manual de Gestión Medioambiental sigue en su mayor parte el mismo índice que sigue la norma ISO 14001. Solo en su parte inicial, llamémosle general, se incluye una descripción de la organización y de sus actividades, sector económico o industrial en el que desarrolla su actividad y el resto de información como ubicación, facturación, clientes, proveedores… que los máximos responsables quieran suministrar. Además, ha de describirse su estructura, consistente en un organigrama y la expresión de las funciones, responsabilidades y autoridad de todos los estamentos personales o colegiados que dentro de ella existan, por ejemplo, un cargo personal que debe figurar es el responsable de la gestión medioambiental de la organización, y un órgano colegiado, el Comité de emergencias o cualquier otro que tenga funciones, responsabilidades o autoridad relacionadas con el medioambiente.

El Manual de Gestión Medioambiental es un registro en sí mismo, por lo que en todas sus páginas deben figurar, con sus firmas correspondientes, los responsables de su elaboración y aprobación, así como el número de copia y a quien pertenece. En el original en poder del máximo responsable de la organización debe existir una hoja en la que figure el número de copias distribuidas, así como la firma de quien ha recibido la copia en cuestión, es decir, un registro de la distribución de copias controladas existentes, copias que han de mantenerse al día.

CONSTRUCTA	MANUAL DE GESTIÓN MEDIOAMBIENTAL	Edición: 0 Fecha:
	ÍNDICE DE CONTENIDOS	Página 1 de 3

Capítulo	Apartado	Sección	Página

Revisión: Fecha:	Elaborado:	Aprobado:
Modificación: Fecha:	Firma:	Firma:

Así mismo, el estado de revisión del manual debe también figurar, pues constituye el registro que documentalmente confirma que se realizan las revisiones periódicas demandadas por la propia norma, así como aquellas revisiones o modificaciones que en cada auditoría interna o externa realizada se han decidido introducir con la debida autorización y aprobación de la persona o personas responsables.

CONSTRUCTA	MANUAL DE GESTIÓN MEDIOAMBIENTAL	Edición: 0 Fecha:
	ÍNDICE DE MODIFICACIONES	Página 1 de 3

Revisión N.º	Modificación N.º	Fecha	Capítulo	Apartado	Página

Revisión: Fecha:	Elaborado:	Aprobado:
Modificación: Fecha:	Firma:	Firma:

En general, estos dos registros correspondientes a la distribución y revisión del manual suelen ponerse como índices en unión del índice de contenidos, por lo que todo manual de Gestión Medioambiental suele incorporar tres índices dos de los cuales son a la vez registros del sistema en unión del propio manual que es un único registro.

IX.2.2. Procedimientos

Una vez descritas las tareas en el Manual de Gestión Medioambiental, queda por describir el "cómo" se realiza esa actividad o tarea, especialmente si esta se considera como importante desde el punto de vista medioambiental. En general, para decidir si se redacta o no un procedimiento no hay reglas fijas, sino que depende esencialmente de las siguientes cuestiones:

- La naturaleza de la actividad o tarea.

Luis B. López Vázquez

- Si es o no crítica, incluyendo su importancia en función de si se considera como requisito legal, reglamentario o normativo, además de la ponderación sobre los medioambientales asociados a ella.
- La formación y/o experiencia del personal involucrado o su continuidad o excesiva rotación en el desempeño de esas tareas.
- La frecuencia o reiteración en la ejecución de la actividad o tareas.
- El nivel de supervisión bajo el cual se trabaja.

CONSTRUCTA	MANUAL DE GESTIÓN MEDIOAMBIENTAL	Edición: 0 Fecha:
	ÍNDICE DE DISTRIBUCIÓN	Página 1 de 3

N.º ejemplar	Destinatario	Firma	Empresa	Departamento	Fecha
1					
2					
3					
4					
5					
6					

Revisión: Fecha:	Elaborado:	Aprobado:
Modificación: Fecha:	Firma:	Firma:

Las etapas necesarias o convenientes para redactar un procedimiento suponiendo que se trata de implantar un sistema de gestión medioambiental en una organización que lleva ya tiempo desarrollando su actividad debe contemplar necesariamente el hecho fundamental de que quien en la actualidad desarrolla la actividad o tarea es quien más datos puede aportar sobre la misma, por lo que una vez definidas las tareas que requieren un procedimiento es conveniente iniciar el proceso por obtener del propio operador, la información de cómo se realiza actualmente la actividad o tarea y qué documentos se manejan. Siempre es más fácil incluir en un documento que uno está acostumbrado a manejar uno o más datos de los que en él figuran que diseñar por completo un nuevo documento que requiere una presentación y explicación previa a quien lo tiene que rellenar. Una vez hecho esto, se desarrolla el borrador del procedimiento, se publica, se revisa, se distribuye para su aprobación y una vez aprobado por todos, se inicia uso, es decir, se ejecuta.

Todo procedimiento tiene una estructura estándar que consta esencialmente de los siguientes puntos.

1. Objeto o propósito.
2. Alcance o campo de aplicación.
3. Referencias.
4. Definiciones.
5. Descripción, actividades, tareas o acciones.
6. Documento.
7. Flujograma.
8. Modificaciones y revisiones.

No siempre en todos los procedimientos es necesario expresar todos y cada uno de estos puntos.

Además de ello, hay que expresar en el propio procedimiento la referencia que se le asigna, que puede ser un código alfanumérico en el que de alguna forma por ese código se pueda deducir a qué tarea o actividad se refiere, cuál es el estamento responsable para su cumplimentación, etc. Por otro lado, por sí mismo constituye como el Manual de Gestión Medioambiental un registro, por lo que todas las páginas de que consta deben ir firmadas por quien tiene la responsabilidad de su elaboración y aprobación.

El punto 1: Objeto o propósito. Corresponde casi literalmente al título del mismo. El punto 2: Alcance. Corresponde a quien debe aplicarse. El punto 3: Referencias. Puede incluso no ponerse, pues en muchas ocasiones habría que remitir a la normativa ISO 14001. Más bien este apartado se incluye por si en la elaboración del procedimiento en cuestión se han utilizado leyes, reglamentos o normas de general conocimiento incluso para el personal no perteneciente a la propia organización. El punto 4: Definiciones. Al igual que el anterior puede igualmente omitirse, salvo que en la descripción se utilicen términos que una persona profana o de fuera de la organización pudiese interpretar de forma distinta, como puede ser por ejemplo hablar de "cargas" por cantidad de pigmento que se introduce en un bombo de mezcla. El punto 5: Descripción. Como su nombre indica, corresponde a describir la tarea o actividad que se pretende regular. El punto 6: Documento. Se recogen el o los documentos si los hubiera donde deben expresarse los datos obtenidos en el desarrollo de esa actividad. En ocasiones estos documentos pueden corresponder a registros. El punto 7: Flujograma. Es el diagrama de flujo donde se recogen los pasos que seguir para completar el desarrollo de la tarea o actividad descrita. También puede obviarse si se trata de una tarea simple, aunque es conveniente si se trata de regular una tarea muy compleja empezar por realizar su flujograma para luego realizar la descripción. De esta forma, se evitarán despistes y olvidos significativos. El punto 8: recoge las modificaciones y revisiones que haya tenido el procedimiento, así como quién es la persona o personas que tienen capacidad para proponerlas y aprobarlas.

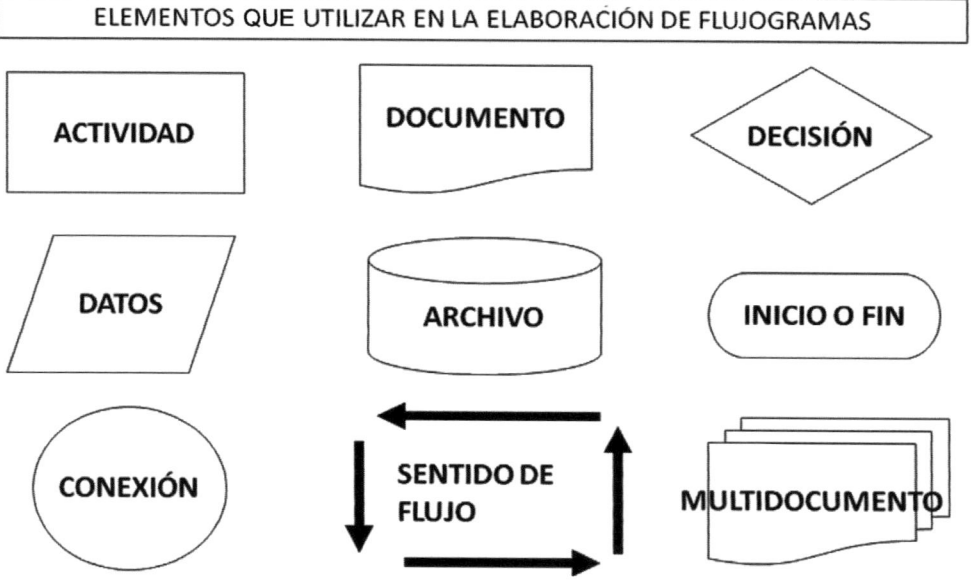

IX.2.3. Instrucciones de trabajo

Realmente, las instrucciones de trabajo son procedimientos y tienen su misma estructura, pero en vez de referirlos a las actividades como, por ejemplo, "procedimiento de adquisición de productos para limpieza", se especifican en función del puesto de trabajo de un operario y las tareas que tiene que realizar como, por ejemplo, "recepción, distribución y archivo de comunicaciones externas", siempre y cuando sea una persona la responsable de realizar esas tareas dentro de la organización.

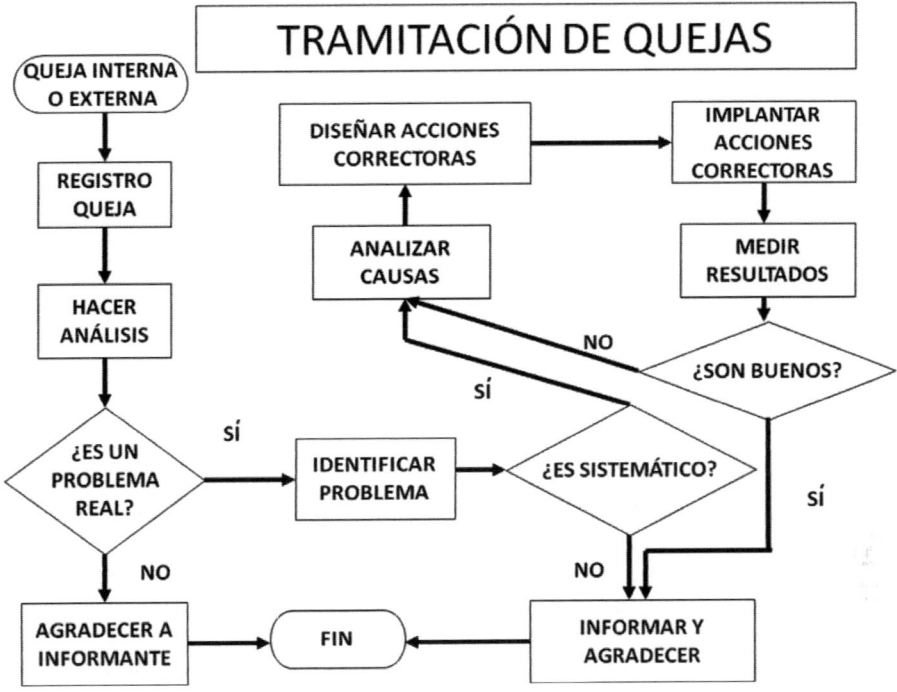

Pueden también diferenciarse poco los puntos de que consta una instrucción de trabajo respecto a un procedimiento, en especial por dos razones principales. La primera por la razón de que una instrucción de trabajo está ligada a un puesto trabajo, lo que puede requerir el uso de determinado equipo, lo que supone indicar aparte de las instrucciones de manejo, además, si es necesario, las precauciones de seguridad en su utilización, y cómo está ligado a una persona particular que requiere normalmente una indicación sobre la capacidad y habilidades requeridas por esa persona. Los apartados de que consta podrían ser:

1. Tarea que realizar.
2. Ámbito de aplicación.
3. Equipo que utilizar.
4. Pasos para completar la tarea.
5. Criterios de capacidad/habilidad (¿profesional experto?).
6. Precauciones de seguridad.
7. Información adicional.

También podría añadirse un flujograma siempre que se considerase necesario. Con estas ligeras alteraciones en el formato de una instrucción de trabajo no podría confundirse nunca con un procedimiento.

IX.3. Clasificación de actividades

Los municipios intervienen en la actividad industrial a través de los mecanismos que regulan las llamadas actividades clasificadas recogidas en el Decreto 1414/1961 del 30 de noviembre. En él se establecen las siguientes clasificaciones:

a. Actividades molestas: entendiendo por tales aquellas que generan incomodidad debido a ruido, vibraciones, humos, gases, olores, nieblas, o polvos y sustancias en suspensión.

b. Actividades insalubres: que son aquellas que dan lugar a desprendimiento o evacuación de productos que pueden resultar directa o indirectamente perjudiciales para la salud.

c. Actividades nocivas: que son aquellas que puedan ocasionar daños a la riqueza agrícola, forestal, pecuaria o piscícola.

d. Actividades peligrosas: que son aquellas que tienen por objeto fabricar, manipular, expender o almacenar productos que puedan originar riesgos graves de explosiones, radiaciones, incendios de análoga importancia para las personas o bienes.

Estas "actividades clasificadas" requieren que la solicitud de licencia vaya acompañada de un proyecto técnico y una memoria descriptiva determinando la extensión, alcance y efectos de la actividad que se solicita. Cualquier variación en la instalación que se separe de la actividad descrita aumentando sus efectos contaminantes deja sin efecto la licencia, aunque ya haya sido concedida. Sin embargo, dado que para la mayoría de los Ayuntamientos las licencias de obra corresponden a una fuente de ingresos no despreciable, no imponen unos requisitos excesivos en cuanto a la evaluación de impactos medioambientales.

IX.4. Actividades que certificar en empresas constructoras

Las actividades que certificar en el ámbito de las empresas constructoras abarcan desde los centros fijos o delegaciones hasta las obras objeto de contrato, estén ubicadas en la comunidad en que estén. Esto obliga a que su certificación se realice a nivel nacional, por lo que la ENAC requiere que se especifiquen todos los centros fijos desde los que se realicen actividades, incluyendo aparte de direcciones regionales, delegaciones o cualquier otro centro fijo como parques de maquinaria, plantas de hormigón o cualquier otra instalación fija.

Dada la diversidad de actividades que desarrollar por las empresas constructoras podremos clasificar estas actividades en:

- Movimientos de tierras y perforaciones.
- Puentes, viaductos y grandes estructuras.
- Edificaciones.
- Ferrocarriles.
- Obras hidráulicas.
- Obras marítimas.
- Viales y pistas.
- Obras de transporte de productos petrolíferos y gaseosos.
- Instalaciones eléctricas.
- Instalaciones mecánicas.
- Obras especiales.
- Otras obras especiales.

Considerando que esta clasificación corresponde al producto principal, debemos realizar una descripción complementaria asociada a ese producto principal. Así, para la actividad de movimiento de tierras y perforaciones deberemos tener en cuenta:

- o Desmontes y vaciados.
- o Explanaciones.
- o Canteras.
- o Pozos y galerías.
- o Túneles.

Realmente, al hablar de empresas constructoras debemos contemplar no solo la construcción en sí misma, sino también la gestión, la reparación, el mantenimiento, la conservación y la explotación.

Por gestión entenderemos a aquellas actividades que en todo o en parte estén ejecutadas por empresas subcontratadas, y por explotación ha de entenderse el conjunto de actividades que en función del tipo de obra comprende los servicios añadidos como puede ser en el caso de autovías, el cobro, la señalización, utilización de zonas de dominio público, accesos, zonas de descanso y cualquier otra existente.

DEFINICIONES
• Empresa contratista principal: empresa constructora que resulta adjudicataria por parte del promotor de la obra para la ejecución de la misma. • Empresa colaboradora: cualquier empresa que suministra bienes o servicios a la empresa contratista. • Gestor de residuos: persona o entidad que gestiona los residuos sean propios o ajenos. • Gestión de residuos: recogida, almacenamiento, evaluación y eliminación de los residuos incluidas la vigilancia de estas actividades y de los lugares de depósito o vertido.

IX.5. Requisitos del sistema

Una de las formas más convenientes de implantación de un sistema de gestión medioambiental en las empresas constructoras es la elaboración de planes de gestión por obra. En ellos se debe incluir:

- Descripción del entorno de la obra.
- Funciones y responsabilidades particulares, si no están incluidos en otros documentos.
- Objetivos aplicables a la obra.
- Identificación y evaluación de aspectos ambientales de la obra y registro de los más significativos.
- Requisitos legales aplicables.
- Procedimientos específicos o instrucciones aplicables.
- Programa de puntos de inspección aplicables.

IX.6. Política medioambiental

Como en el caso general, es la alta dirección la que tiene que definir la política ambiental y asegurarse de su conocimiento y cumplimiento por todo el personal. Ha de incluir:

- Su adecuación para combatir los impactos ambientales significativos de sus actividades, productos y servicios.

- Compromiso de mejora continua y prevención de la contaminación.
- Compromiso de cumplimiento de los requisitos legales aplicables.
- Proporcionar el marco adecuado para la definición y revisión de objetivos y metas.
- Ha de estar documentada, implementada y revisada periódicamente.
- Ha de comunicarse a todo el personal.
- Está a disposición pública.

IX.7. Identificación y evaluación de aspectos medioambientales

Este requisito ha de cumplirse no solo en los centros fijos como delegaciones, parques de maquinaria, y cualquier otro, sino también en obra, sea propia o subcontratada.

Lo primero que ha de tenerse en cuenta en el proceso de evaluación son los requisitos legales que cumplir desde el punto de vista de la peligrosidad, toxicidad, protección del medio biótico (fauna y flora), vertidos, impacto visual, aspectos socioeconómicos y todos aquellos relacionados con el medioambiente.

A continuación, se ha de distinguir si estos impactos han de ser permanentes o solo temporales, es decir, contemplar un método de evaluación similar al definido para cualquier otra empresa industrial.

IX.8. Objetivos y metas

Son de aplicación los objetivos y metas que mejoren la gestión medioambiental tanto en dependencias fijas como en obra, aunque en estas últimas podrán establecerse objetivos particulares, y no ser de aplicación algunos de los generales aplicables a instalaciones fijas. Han de estar basados en la política ambiental.

Podrán definirse para evaluar la mejora de la gestión medioambiental ciertos indicadores que puedan servir para medir el desempeño, como puede ser la cantidad de residuos totales o de cualquier tipo específico de materiales utilizados como cal, yeso, cemento, hormigón y cualquier otro.

Por otro lado, ha de definirse la periodicidad del control de estos objetivos y metas.

IX.9. Implantación y funcionamiento

Todos los apartados correspondientes a:

- Estructura y responsabilidades.
- Competencia, formación y toma de conciencia.
- Comunicación.
- Documentación.

No presentan ninguna diferencia destacable en su formulación y redacción con los que debe recoger los de cualquier otra empresa industrial. Solo como recordatorio y para el apartado del control de documentos insistimos en que es imprescindible que quede registrado mediante un procedimiento escrito en el que se recoja cómo se lleva a cabo el control de la documentación.

Documentos a los que es aplicable:

- Los de obligado cumplimiento, tales como el *Manual de Gestión Medioambiental*, el *manual de procedimientos*, los registros.
- Los que definen la obra y establecen los requisitos o condiciones ambientales como los estudios de impacto ambiental (EIA).
- Los permisos y licencias.
- Las comunicaciones de la dirección facultativa que incluyan especificaciones ambientales.

Un documento controlado debe cumplir los siguientes requisitos:

- Saber cuál es su versión vigente.
- Haber sido aprobado por el personal autorizado.
- Ser accesible.
- Conocer quién tiene copia y de qué versión se trata, es decir, llevar una lista de distribución de copias.

Cuando el documento se encuentre obsoleto o ya no sea válido:

- Ha de retirarse de los puntos de uso en el menor plazo posible.
- Aquel que se guarde por requisitos legales o reglamentarios ha de identificarse debidamente.

IX.10. Control de operación en obra

Una de las cuestiones que por ley es obligado controlar son los residuos. Los residuos podemos clasificarlos en:

- Residuos inertes:
  - o Piedras naturales.
  - o Tierras de extinción.
  - o Productos manufacturados en obra: cal, silicatos de calcio, hormigón, cementos, piedra artificial, morteros y aglomerados hidráulicos.
- Residuos banales:
  - o Metales, sin incluir los pesados.
  - o Hormigón celular.
  - o Madera no tratada.
  - o Lanas minerales.
  - o Productos de síntesis: bituminosos, caucho natural, silicona.
  - o Materiales adhesivos para fijación: colas.
  - o Accesorios para pinturas: absorbentes.
  - o Papel, cartón, plásticos, restos de ferretería y cerrajería.
- Residuos especiales:
  - o Materiales para juntas: betunes y amianto.
  - o Elementos y materiales de fijación: soldaduras.
  - o Modificadores de las propiedades biológicas: germicidas, antioxidantes y creosotas.
  - o Pinturas y barnices.
  - o Productos químicos: anticorrosivos, disolventes, ácidos, insecticidas…
  - o Metales pesados: cromo, plomo, níquel, estaño…
  - o Madera: tratada, encolada…
  - o Hidrocarburos.

Toda operación en la que interviene la generación de residuos ha de planificarse y realizarse con los objetivos y metas siguientes:

-Prácticas de reducción de residuos:

- Compra de productos a granel.
- Reutilización de material absorbente.
- Reutilización de envases.
- Sustitución de sustancias peligrosas por otras de menor peligrosidad.

- Segregación, almacenamiento e identificación:

- Utilización de contenedores adecuados.
- Instalación de medidas de contención frente a posibles derrames o roturas.
- Identificación de contenedores y áreas de almacenamiento.
- Control de tiempos de almacenamiento.
- Protección y mantenimiento de áreas de almacenamiento.

- Cesión de residuos a gestores autorizados:

- Empleo de transportistas autorizados.
- Utilización de gestores autorizados.
- Notificación de traslado según requisito aplicable.
- Registrar residuos generados (libro registro).

IX.11. Prevención y respuesta ante emergencias

Como en cualquier otra empresa, hay que identificar situaciones que potencialmente correspondan a emergencias, con objeto de prevenir mediante acciones definidas, como la utilización de elementos de protección, y evitar que se presenten, y en caso de que se presenten, elaborar los planes de emergencia necesarios para disminuir la importancia de los accidentes que generen.

IX.12. Verificación

Todos los apartados de la norma general que incluyen:

- Seguimiento y medición que corresponde a la fijación de objetivos y metas, y la medida de su grado de cumplimentación.

- La evaluación del cumplimiento de los requisitos legales y reglamentarios.
- La definición de las no conformidades y las responsabilidades sobre la toma de decisiones que las afectan como la medida de la eficacia de las medidas especialmente preventivas adoptadas.
- El control de los registros.
- La definición, ejecución y valoración de las auditorías internas.

Corresponden a apartados con idénticos contenidos que lo referido para cualquier otra empresa industrial.

IX.13. Revisión por la Dirección

La revisión por la alta dirección de la empresa debe siempre incluir una evaluación de la adecuación del sistema, especialmente lo que afecta a la medida de su eficacia y eficiencia.

IX.14. Ejercicios

1. Redacta un procedimiento sobre trabajos subcontratados, como por ejemplo un desbroce.
2. Redacta un procedimiento sobre revisión de la política medioambiental.
3. Redacta una instrucción de trabajo sobre encofrado de pilares.
4. En una estructura metálica soldada se trata de valorar los impactos ambientales que pueden producirse en el procedo de corte oxiacetilénico, posicionamiento por soldadura eléctrica por puntos y soldadura continua en T, indicando si alguno de ellos puede ser significativo, y si es así, qué acciones preventivas deben adoptarse para rebajar su NPR.
5. Un soldador requiere una cualificación especial. En caso afirmativo, ¿cuál?
6. Una depuradora de aguas residuales tiene como primeras fases las siguientes: pozo de gruesos, tamizado, desarenador y desengrasador para eliminación de arenas y grasas. Describe las tareas que realizar, pasos y equipos para realizar cada una de ellas, precauciones de seguridad que adoptar.

7. ¿Alguno de los subproductos obtenidos en las fases anteriores puede reciclarse o reutilizarse?

8. De la demolición de un edificio, ¿qué materiales podrían reciclarse?

9. Describe el ciclo de vida del hormigón.

10. ¿Qué importancia y requisitos debe cumplir el registro que afecta a la eliminación de residuos de una obra, tanto efluentes como residuos sólidos?

CAPÍTULO X: Auditorías medioambientales

X.1. Introducción

La auditoría medioambiental es un componente y a la vez un requisito del sistema de gestión medioambiental. Textualmente la norma ISO 14001 recoge que la organización debe establecer y mantener al día programas y procedimientos para que se realicen de forma periódica auditorías del sistema de gestión medioambiental con objeto de:

a) determinar si el sistema de gestión medioambiental:

- cumple los planes establecidos, o
- ha sido adecuadamente implantado y mantenido.

b) suministrar información sobre los resultados de las auditorías a la dirección.

El programa de la organización, incluyendo su planificación, debe basarse en la importancia medioambiental de la actividad implicada y en los resultados de las auditorías previas. Para que sean completos, los procedimientos deben cubrir el alcance de la auditoría, la frecuencia y las metodologías, así como las responsabilidades y los requisitos para llevarlas a cabo e informar de los resultados.

Se establece, pues, en la norma, la necesidad de realización de auditorías periódicas internas, además de que la consecución y mantenimiento de la certificación obliga a que sean terceras partes, es decir, una empresa externa, la que audite también periódicamente a la organización para obtener y mantener la certificación correspondiente. Hay pues dos tipos básicos de auditorías: internas y externas, ambas con obligación de ser realizadas periódicamente. Por este motivo, existen normas también de la serie ISO 14000, en las que se recogen todos los aspectos relacionados con las auditorías, especialmente las externas. Estas normas son las siguientes:

- ISO 14010: principios generales de la auditoría medioambiental.
- ISO 14011: cómo auditar un sistema de gestión medioambiental.
- ISO 14012: ¿quién puede ser auditor?

X.2. Auditorías

X.2.1. Auditorías internas

La norma ISO 14001 recoge la realización de auditorías internas como parte integrante del ciclo de mejora de gestión medioambiental en la organización, por lo que hace hincapié la propia norma en que la auditoría interna más que tender a descubrir incumplimientos debe utilizarse como elemento vital para proponer mejoras del sistema y comprobar su eficacia, es decir, que más que un sistema punitivo que sirva para penalizar o encontrar culpables debe plantearse como un sistema preventivo que permita mejorar la eficacia atendiendo las recomendaciones que auditores y auditados acuerden en común.

Un sistema de gestión medioambiental ha de recoger con respecto a las auditorías internas que realizar las siguientes cuestiones:

- Un plan.
- Un procedimiento.
- Un informe.
- Un seguimiento.

Todos estos aspectos deben recogerse en un procedimiento escrito, y el resultado de la auditoría debe considerarse como un registro, es decir, debe ser controlado, así como el informe final si aporta algún tipo de propuesta que requiera un seguimiento posterior.

X.2.2. Auditorías externas

Mientras que las auditorías internas están recogidas en la norma ISO 14001, las auditorías externas no se recogen, pero es necesario comprender que la certificación o acreditación como empresa que cumple los sistemas de gestión medioambiental requiere la auditoría externa realizada por terceras partes. En general, los auditores externos basan la realización de su auditoría en el conocimiento exhaustivo de los requisitos que la norma establece como indispensables del sistema de gestión medioambiental elegido (norma ISO 14001, EMAS...), pero tienen un escaso conocimiento de las actividades particulares que la organización o empresa desarrolla, por lo que sus auditorías suelen ser siempre auditorías de sistema y no auditorías técnicas o que requieran altos y especializados conocimientos técnicos. Sin embargo, la metodología en la realización suele ser la misma con la que aborda la realización de una auditoría interna.

X.2.3. Cuestiones previas

Antes de plantearse el planificar una auditoría es necesario identificar y dar respuesta a las siguientes preguntas:

o ¿Por qué? La razón o necesidad de hacerla.
o ¿Dónde? Si a parte o a toda la organización o empresa.
o ¿Cuánto? Actividades, normas, temas que debe abarcar.
o ¿Quién? La designación del líder y equipo auditor que va a realizarla.
o ¿Cuándo? Fechas necesarias para su realización.
o ¿Cómo? En función del tipo de auditoría, así como de la normativa que se va a utilizar.

X.2.4. Actividades de la auditoría

Al menos, la realización de una auditoría cuenta con las siguientes actividades o pasos:

• Verificación de la efectividad del sistema de gestión medioambiental.
• Evaluación de los puntos fuertes y débiles del sistema.
• Recogida de datos, muestras y análisis de los mismos.
• Evaluación de resultados.
• Preparación de conclusiones.
• Comunicación de resultados y conclusiones finales.

X.2.5. Instrumentos auxiliares

El cuestionario: ha de redactarse para que las preguntas conduzcan a respuestas claras de las que puede optarse por:

- Sí/No/No aplicable.
- Varias respuestas de las que elegir una o más.
- Un baremo numérico de 1 a 10.
- Una matriz para responder a una o varias casillas.

La entrevista: su preparación ha de incluir la elección del lugar, el momento y la duración, evitando que en su desarrollo se produzca:

- Dar consejos al entrevistado.
- Discutir.
- Agresividad.
- Excesiva toma de notas.
- Anticipar la respuesta por parte del entrevistador.

Las reuniones: llevadas a cabo a lo largo del proceso de auditoría, al menos se realizarán las siguientes:

- Reunión inicial.
- Reunión con personal de producción.
- Reunión general al final de la fase da campo.
- Reunión previa antes de la emisión del informe final.

X.3. Planificación de la auditoría

La preparación de un plan de auditoría requiere la descripción de cómo se ha de realizar, es decir, qué y a quién se auditará, así como el cuándo y el cómo hacerlo. Fundamentalmente debe definirse:

- Ámbito: actividad o actividades que auditar, localización física de los centros, secciones o lugares que auditar, parte o partes del sistema de gestión que auditar, forma de comunicación y personas a las que se les va a comunicar la realización de la auditoría y a las que se les va a remitir el informe final. En general, las actividades relacionadas con aspectos ambientales significativos deberán auditarse con mayor frecuencia.
- Objetivos: en una auditoría interna el objetivo primordial suele ser la comprobación de que lo que se hace, cumple y concuerda con lo descrito en el manual del sistema de gestión medioambiental, aunque este requisito general puede desglosarse para recoger requisitos espe-

cíficos, por ejemplo, cualquier programa de gestión en el que se hayan marcado metas que alcanzar en períodos estipulados de tiempo, como reducir el contenido de residuos sólidos en un 30 % en tres meses. En una auditoría externa es la comprobación de que el sistema de gestión se adapta a la normativa y además se cumple en su integridad.

Existen múltiples formas de planificar una auditoría, pero lo más importante es que se diseñe una metodología que funcione y que asegure que todo el sistema sea auditado con el tiempo, pues no todos los componentes de un sistema de gestión medioambiental deben auditarse simultáneamente ni con la misma frecuencia.

X.4. Realización de la auditoría

X.4.1. Reunión inicial o de apertura

Toda auditoría comienza con una reunión que tiene como propósito discutir el plan de la auditoría y dar instrucciones a las personas implicadas. Esto supone:

- Tratar el ámbito, los objetivos, el plan y el calendario de la auditoría.
- Explicar la metodología de evaluación que se empleará.
- Designar a las personas de contacto relevantes.
- Asegurar que están disponibles los recursos necesarios.
- Fomentar la participación activa de los empleados.
- Solicitar la información sobre procesos relevantes, datos, documentos, registros, etc.

X.4.2. Trabajo de campo o recopilación de datos

La herramienta principal del auditor para recopilar los datos y poder evaluar si se cumple lo especificado en el manual de gestión medioambiental es la lista de comprobación. Con ellas en la mano se realizan las entrevistas y se observan las actividades. Proporcionan, además, un registro de la auditoría.

Unido a esto es necesario rastrear los documentos, registros y procedimientos relevantes relacionados con la lista de comprobación de la actividad auditada.

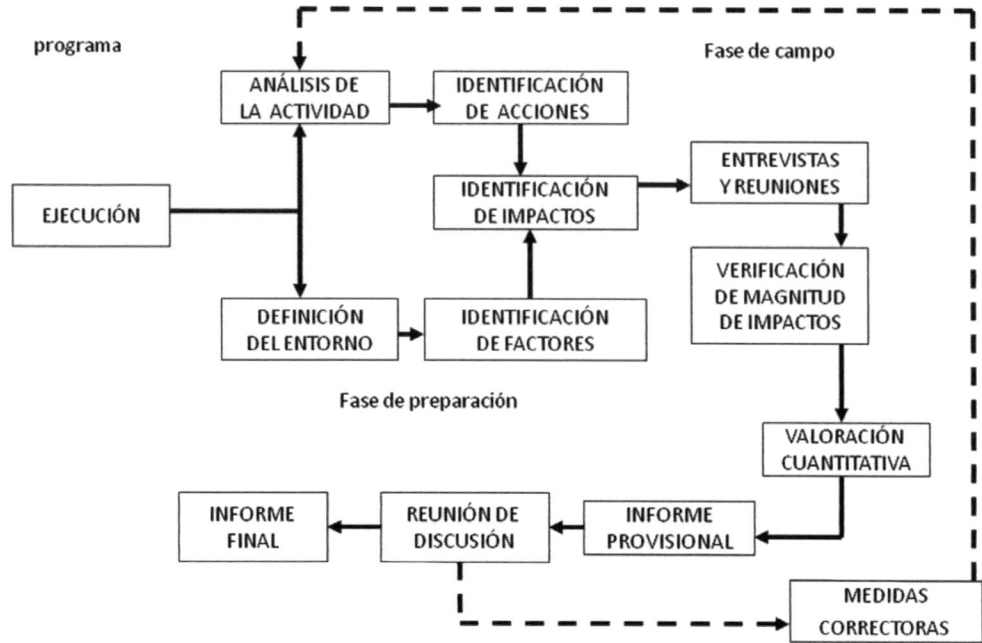

Fase de proceso de datos y conclusiones

Aunque en una auditoría no suelen realizarse mediciones, pues lo que se audita es el sistema, sí se deben comprobar determinados aspectos de los controles internos establecidos en el proceso. Los hechos de los que se toma nota en la auditoría de estos controles deben ser:

- Si el personal de las instalaciones está bien preparado y tiene experiencia.
- Si las responsabilidades están definidas con claridad y asignadas con el mayor cuidado.
- Si las obligaciones se dividen para minimizar cualquier conflicto de interés.
- Si existen sistemas de autorización.
- Si existen procedimientos internos de verificación.
- Si existen medidas de protección.
- Si los procedimientos y los resultados de la cumplimentación están perfectamente documentados.

La utilización de muestreos, diagramas causa-efecto y otras técnicas comunes con las auditorías de calidad pueden en algunos caso estar indicadas en función de los objetivos fijados en la planificación de la propia auditoría.

La toma de muestras propias no suele realizarse salvo que surja alguna discrepancia en cuanto al método de toma de muestras utilizado habitualmente, y se trate de una auditoría técnica.

X.4.3. Conclusiones de la auditoría

Una vez realizadas las entrevistas, observadas las actividades y recopilada la información relevante, se necesita evaluar estas pruebas con objeto de identificar las áreas de no conformidad y elaborar las conclusiones.

La identificación de las discrepancias intrascendentes o poco importantes, de las no conformidades importantes del sistema. Un procedimiento mal redactado o poco claro es intrascendente frente a la no existencia de un procedimiento operativo crucial. Aunque deben reflejarse todas las discrepancias encontradas, las no conformidades serias deben tratarse aparte y respaldarse con pruebas suficientes para asegurar la fiabilidad. Es conveniente registrar los resultados de las no conformidades encontradas frente a todas las comprobaciones realizadas con objeto de obtener una mejor panorámica del conjunto del sistema, es decir, relativizar los resultados.

X.4.4. Reunión de cierre

Antes de compilar la información para la redacción del informe final de la auditoría es necesario una reunión de cierre en la que se exponga a los responsables del personal auditado toda la información obtenida con objeto de que los responsables puedan aportar toda la información adicional que consideren pertinente. En muchas ocasiones, el trabajador que recoge la información a pie de máquina desconoce lo que a un nivel superior se hace con ella y cómo se utiliza en la toma de decisiones. En resumen, la reunión final proporciona un foro de debate que enriquece las pruebas obtenidas y en ocasiones, resuelve desacuerdos. Por otro lado, sirve para planificar de forma pactada las acciones correctoras a emprender fijando la responsabilidad de su aplicación y seguimiento.

El auditor, en general por falta de tiempo, suele manejar una cantidad de información limitada, por lo que siempre que sea posible debe discutir sus conclusiones con el auditado, ampliar la información que posee y confirmar la validez de esas conclusiones.

X.5. Preparación y redacción del informe final

El auditor jefe es el responsable de coordinar la preparación del informe final, de su precisión y de su finalización, debiendo tratar ampliamente todos los asuntos descritos en su plan de auditoría. Un informe de auditoría típico debe incluir:

- Detalles del equipo auditor.
- Ámbito, objetivos y criterios de evaluación.
- Plan de auditoría seguido.
- Resumen del proceso de auditoría.
- Marco temporal de la auditoría.
- Cualquier acuerdo de confidencialidad si se trata de una auditoría externa.
- Recomendaciones que estén basadas claramente en las conclusiones de la auditoría.
- Firma del auditor jefe.
- Lista de distribución.

Dado que existe gran cantidad de auditorías de distinta naturaleza no puede establecerse un formato único para su planificación, realización o redacción del informe final. Puede considerarse que el receptor, alcance y contenido final del informe de una auditoría podría ser el recogido en el cuadro adjunto.

RECEPTOR	ALCANCE DE LA INFORMACIÓN	INFORME
Consejo de Administración	Situación general del programa	Informes periódicos verbales y escritos.
Consejero Delegado	Instalaciones	Informes de resumen de datos más importantes de cada auditoría.
Gestión Ambiental	Programa e instalaciones	Informe formal de cada auditoría. Discusión de ciertos datos.
Dirección de Fábrica	Instalaciones	Informes detallados de cada auditoría. Resumen de cierre y propuestas.
Dirección Comercial	Instalaciones y productos	Copia del informe formal, y propuesta de acciones correctoras.

X.6. El equipo auditor

Un primer paso para la constitución del equipo auditor es la elección del auditor jefe, que es el responsable del reparto de obligaciones y responsabilidades a quienes van a formar parte del equipo. La importancia del cometido que desarrollar obliga a que la persona elegida sea un técnico altamente cualificado, con valía probada en labores de dirección y planificación, con fuerte poder de comunicación que transmita confianza tanto al equipo como al resto del personal, de forma que sea capaz de transmitir la línea de actuación de la auditoría, y se gane la confianza de todos.

Tanto la estructuración como la cantidad de miembros del equipo dependen del tipo de auditoría de que se trate y del número y complejidad de las actividades que auditar. Es necesario que al menos el equipo conste con un técnico especializado en cada uno de los campos que se va a auditar.

X.7. Responsabilidades

El equipo auditor debe ser capaz de realizar una auditoría eficaz, objetiva y completa. En el caso de una auditoría interna, la responsabilidad de la misma depende esencialmente de la dirección de la propia organización o empresa que es quien, además de elegir y formar el equipo auditor, ha de darle las facilidades de acceso y autoridad suficiente para que pueda desarrollar su trabajo.

X.8. Responsabilidad del auditor frente al ordenante o cliente de la auditoría

Aunque no siempre sea culpable el auditor, vamos a analizar los casos en que incumpla su deber hacia el cliente de la auditoría:

- El primer principio que debe seguir un buen auditor es definir de manera clara y precisa el objeto de su misión en un documento escrito. Debe especificar claramente la naturaleza, el contenido y la extensión exacta de sus obligaciones. Por tanto, el auditor será responsable si incumple o no responde satisfactoriamente a este documento.
- El auditor debe buscar y exigir toda la información necesaria para poder desarrollar su misión, por lo que debe existir por parte de todo el

personal de la empresa y de los directivos la obligación de suministrársela. Una auditoría incompleta o inexacta suele ser fruto de falta de información.

- El auditor ha de ser veraz, por lo que si oculta parte de la información o la modifica en la redacción de su informe por diferencia de intereses entre auditor y cliente, es su responsabilidad.

X.9. Responsabilidad del auditor frente a terceros

Pueden darse dos casos:

- El primero corresponde a que el cliente que encarga la auditoría, es decir, el ordenante, no coincide con el auditado, como en el caso de compra o fusión. En este caso el auditor funciona como un organismo de control, por lo que no debe primar ningún tipo de simpatía o idea preconcebida al realizar su tarea, debiendo ser prudente, honesto e imparcial, presentando todos los riesgos existentes sin excluir ni exagerar ninguno.
- El segundo caso se presenta cuando el auditor es responsable de los daños y perjuicios cometidos sobre terceros como consecuencia de las actividades de la empresa auditada. Debe entonces emprenderse una investigación para determinar si la responsabilidad es del auditor o de la empresa auditada.

Existen tres tipos de responsabilidades: la responsabilidad penal, la responsabilidad civil y la responsabilidad administrativa.

X.10. Tipos de auditorías internas del sistema de gestión medioambiental

Las auditorías del sistema tratan no solo de poner de manifiesto la existencia de un correcto sistema de gestión medioambiental documentado, sino también de que dicho sistema sea conocido por toda la organización y que, además, se cumpla. Hay, pues, dos aspectos fundamentales que auditar:

- La existencia documental del sistema (*Manual de Gestión Medioambiental* y *Manual de Procedimientos*).

- La implementación real de dicho sistema documental a todos los niveles desde el más alto (gerentes, directores…), al más bajo (empleados y operarios).

Estos dos aspectos pueden dar lugar a diversas auditorías independientes en las que se contemplen distintas cuestiones o a una única auditoría que englobe a todas ellas. Hemos considerado la posibilidad de realización de diversas auditorías del sistema, indicando para cada una de ellas sus características básicas.

X.10.1. Auditoría sobre política medioambiental

La política medioambiental ha de estar documentalmente precisada en el *Manual de Gestión Medioambiental*. Esta política ha de abarcar tanto la política de estrategia de la compañía, como las responsabilidades y funciones de cada estamento del organismo o empresa con relación al medioambiente. Han de establecerse los objetivos y metas que conseguir, el sistema de medida de su grado de cumplimiento, así como su modificación periódica.

X.10.2. Auditoría sobre la organización

Este tipo de auditoría ha de realizarse sobre la documentación del sistema y especialmente la que afecta a la responsabilidad y autoridad sobre los aspectos relacionados con el medioambiente:

- Han de estar claramente definidas en el Manual de Gestión Medioambiental las funciones y responsabilidades de todos los estamentos y personas de la organización, así como su autoridad en la toma de decisiones, especialmente en lo que pueda estar directamente ligado al medioambiente, con un apartado específico dedicado a las personas y entidades de la organización específicamente dedicadas al medioambiente (coordinador responsable, Comité de Medioambiente, auditores…).
- Ha de indicarse quién puede modificar una decisión tomada, y con base en qué puede hacerlo.
- Cómo se recogen documentalmente las posibles revocaciones en función de la jerarquía establecida.
- Cuántas personas pueden decidir y con qué jerarquía sobre un mismo asunto.

X.10.3. Auditoría del sistema documental

Esta auditoría consiste en la comprobación de que los documentos recogidos en el Manual de Gestión medioambiental están debidamente cumplimentados y archivados por las personas o estamentos responsables.

La constancia documental es necesaria para la comprobación de la bondad del sistema. En la mayoría de las ocasiones el sistema falla, porque los documentos que figuran como soporte del mismo no están bien diseñados, son engorrosos o difícilmente comprensibles para quien los tiene que cumplimentar o la información que pretenden recoger es escasa o superflua. Es bueno cuando se establece un sistema de gestión medioambiental, tomar como base del mismo los documentos que existan con algunas ligeras modificaciones para adaptarlos a la normativa que se quiere aplicar, puesto que es más fácil asumir por parte de quien tiene que utilizarlo una modificación dentro de un impreso existente que un nuevo impreso totalmente desconocido.

Un buen auditor debe reconocer no solo la falta de algún documento con información necesaria, sino también detectar en los existentes los defectos que pueden restarle utilidad. Esta auditoría, una vez implementado el sistema de gestión medioambiental, se realizará periódicamente de forma rutinaria, debiéndose comprobar lo siguiente:

- Todos los documentos están debidamente archivados en el lugar que les corresponde.
- Todos los documentos archivados están debidamente cumplimentados y firmados por los responsables que en cada caso correspondan.

La valoración puede hacerse por puntos de demérito. Cada estamento dispondrá de tantos puntos como documentos tenga que archivar más los cumplimientos que en los mismos tenga que realizar. A este total se le restarán tantos puntos como documentos tenga sin archivar, indebidamente archivados, o no cumplimentados adecuadamente.

La valoración alcanzada, así como la fijación de los mínimos objetivos que conseguir será responsabilidad de la gerencia quien, además, comunicará a cada estamento la puntuación alcanzada en cada auditoría.

X.10.4. Auditoría del proceso

Tiene por objeto la valoración de la eficacia del sistema de gestión medio-ambiental mediante la comprobación de que los procesos y desarrollo del trabajo en las distintas secciones o servicios se ajusta a los procedimientos especificados, y en especial los conocimientos y mentalización, especialmente de los mandos responsables, son los correctos para la consecución de los objetivos y metas medioambientales que cumplimentar.

En general, la documentación necesaria para la puesta en práctica de esta auditoría aparte del *manual de procedimientos*, son las instrucciones de trabajo, valorándose tanto de la aptitud como la actitud del personal. Dentro de ella, los puntos y cuestiones que auditar pueden ser los siguientes:

- Limpieza de cada área o sección.
- Orden e identificación del material en proceso o almacenado.
- Utilización adecuada de las instalaciones a su cargo.
- Utilización y cumplimiento adecuado de los documentos bajo su responsabilidad.
- Limpieza de maquinaria, útiles y herramientas a su cargo.
- Uso adecuado de maquinaria, instalaciones y documentación.
- Seguimiento estricto de las fases programadas.
- Uso adecuado de elementos de medida a su cargo.
- Eficacia de la motivación, dirección e instrucción de su personal.
- Valoración del rendimiento.
- Cualquier otro en función de la obra específica de que se trate.

X.11. Certificación de acuerdo a la Directriz europea EMAS

Es conveniente saber el significado concreto de los términos:

Homologar: aprobar un producto, proceso o servicio por un organismo que reglamentariamente tiene esta actividad. El Ministerio de Industria, para los productos industriales; el Ministerio de Agricultura, para productos con denominación de origen, etc.

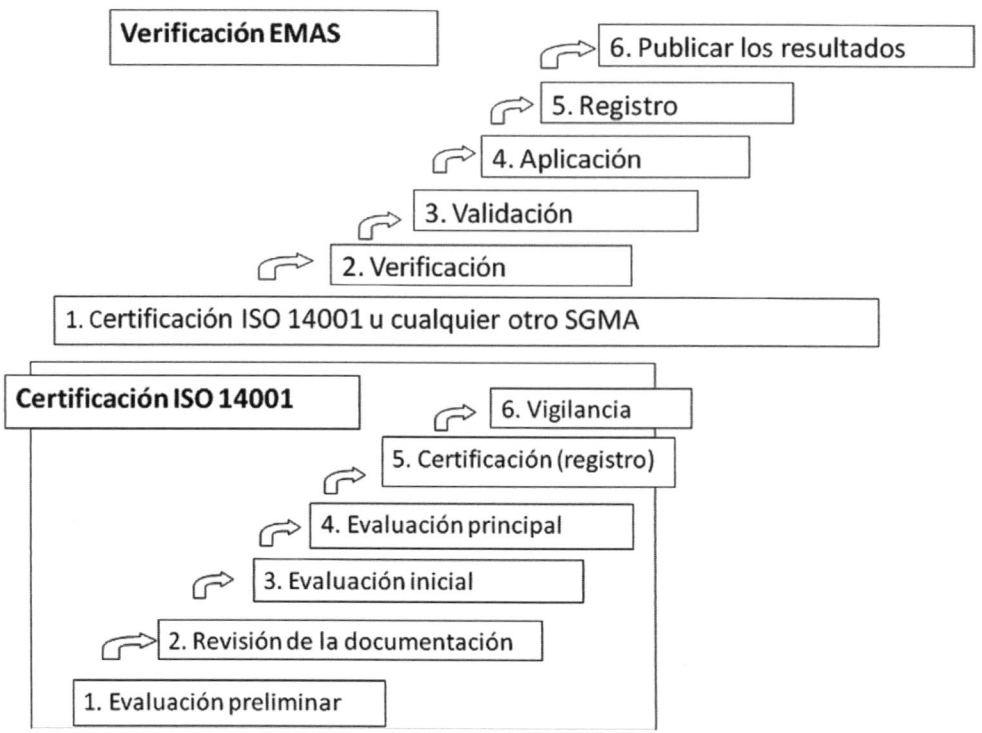

Acreditar: procedimiento por el cual una autoridad reconoce formalmente que una empresa, laboratorio o persona es competente para llevar a cabo un trabajo. En nuestro país, la Entidad Nacional de Acreditación (ENAC) es el organismo competente (Decreto 2200/1995).

Certificar: emitir los documentos que atestiguan que un producto o servicio se ajusta a normas técnicas determinadas. AENOR, por ser el organismo único que en nuestro país puede editar normas UNE e ISO por delegación expresa de este organismo internacional es el único que, en principio, está acreditado para certificar.

Validar: proceso por el cual se comprueba que se cumple la especificación.

Para poder obtener subvenciones en la Unión Europea como empresa industrial concienciada con la protección medioambiental, debe certificarse según la norma 14001.

La calidad y el medioambiente son dos de las prioridades que la Unión Europea ha considerado fundamentales por su relación directa con la salud, de ahí que desde hace años se viene incidiendo en ambos temas de forma reiterada. El único inconveniente está en que los procesos de armonización dentro de la unión llevan su tiempo, dado que son muchos los pasos que seguir antes de que la legislación de todos los países miembros y, consecuentemente, los reglamentos para su aplicación sean idénticos.

El Sistema de Calidad y el Sistema de Gestión Medioambiental comunitario se han definido como directrices basándose para ello en unas normas concertadas y de amplio consenso como son las normas ISO de la serie 9000 (calidad) y de la serie 14000 (gestión medioambiental). Tal es la preocupación europea por estas dos cuestiones que las secretarías de los Comités y Subcomités Técnicos responsables de la elaboración de estas normas ISO el CT/176 y el CT/207 están desempeñadas desde su inicio por países europeos de tal forma que estas normas tienen el carácter de normas UNE (españolas), EN (comunitarias), ISO (internacionales), llevando a continuación el mismo número de norma, aunque en sus primeras ediciones no era así. Por ejemplo, la norma ISO 9001, inicialmente correspondía a la UNE 66 901, la EN 29001, mientras que la ISO 14001 correspondía a la UNE 77 801.

Realmente, las normas de calidad de la serie 9000 nacieron en el año 1987 mientras que las normas de gestión medioambiental de la serie 14000 no nacieron hasta el año 1996, por lo en estas últimas siempre se hace referencia a las primeras, es más, en la norma ISO 14001 y en su Anexo B, figura como título: "Correspondencia entre la norma ISO 14001 y la norma ISO 9001". Esto se debe, según mi opinión, a dos razones fundamentales:

- Mientras que la implantación de un sistema de calidad está justificada por la rentabilidad económica que la empresa obtiene, un sistema de gestión medioambiental requiere inversiones no recuperables, de ahí que la implantación simultánea de ambos esté justificada.
- Aunque la norma ISO 9001 recoge la necesidad de que la propia empresa que diseña los productos, indique el destino de los mismos, una vez finalizada su vida útil, es imposible conseguir que todas las empresas se conviertan en recicladoras, por lo que en general son otras empresas las que se ocupan del reciclaje o eliminación de residuos, y por esto había que dar otra salida a la gestión de eliminación y reciclaje de residuos tanto finales como a lo largo del proceso productivo.

La normativa ISO de la serie 14000 corresponde a gran número de normas, aunque realmente, de todas ellas, la ISO 14001: "Sistemas de Gestión

Medioambiental. Especificaciones y directrices para su aplicación", la ISO 14004: "Sistemas de Gestión ambiental: Pautas generales sobre principios, sistemas y técnicas de apoyo", la ISO 14011: "Pautas para las auditorías medioambientales. Parte 1.ª: Auditoría de sistema de gestión medioambiental", y la ISO 14031: "Evaluación del comportamiento medioambiental, directrices generales", son las más destacables. En la Unión Europea para los sistemas de gestión ambiental se ha ido un poco más lejos que con los sistemas de calidad, pues ha aprobado un reglamento (1836/93 del 29 de julio de 1993), que permite la participación voluntaria de las empresas en el programa comunitario de ecogestión y ecoauditoría denominado EMAS, aunque para participar en él hay que obtener la certificación previa, que se concede por tres años siendo renovable.

X.12. Ejercicios

1. Especifica cuáles pueden ser los residuos sólidos que en la escuela se producen y como ha de documentarse su eliminación.
2. Describe cómo debe realizarse una auditoría sobre la eliminación de residuos sólidos en la escuela.
3. Realiza una auditoría medioambiental en dos despachos de la escuela y en dos laboratorios. ¿Qué habría que auditar?
4. ¿Sabes si está documentado un plan de evacuación en la escuela en caso de emergencia?¿Debería auditarse dicho plan?
5. ¿Podría programarse una auditoría sobre el sistema de enseñanza como una auditoría de calidad o como una de medioambiente? ¿Por qué?
6. Describe los objetivos y metas que habría que fijar en un manual de gestión medioambiental para la escuela.
7. Explica por qué sería conveniente que la escuela dispusiera de un manual de calidad y de otro de gestión medioambiental.
8. Planifica una auditoría medioambiental de la clase donde estás.
9. Redacta un procedimiento para realizar dicha auditoría.
10. Realiza dicha auditoría, valórala y redacta el informe final.